الصحافة القطرية
نحو الرقمية

الدكتور
عبد الله إسماعيل العمادي

دار جامعة حمد بن خليفة للنشر
HAMAD BIN KHALIFA UNIVERSITY PRESS

الطبعة العربية الأولى عام ٢٠١٧

دار جامعة حمد بن خليفة للنشر
صندوق بريد ٥٨٢٥
الدوحة، دولة قطر

www.hbkupress.com

الصحافة القطرية نحو الرقمية

صور الغلاف: Kaspars Grinvalds / Shutterstock.com

الترقيم الدولي: ٩٧٨٩٩٢٧١١٩٣٩٢

تمت الطباعة في بريطانيا العظمى بمعرفة CPI Group (UK) Ltd., Croydon CR0 4YY.

مكتبة قطر الوطنية بيانات الفهرسة-أثناء-النشر (فان)

العمادي، عبد الله إسماعيل، مؤلف.

الصحافة القطرية نحو الرقمية / الدكتور عبد الله إسماعيل العمادي. – الطبعة العربية الأولى. – الدوحة : دار جامعة حمد بن خليفة للنشر، 2017.

صفحة ؛ سم

تدمك : 978-9927-119-39-2

الصحافة الرقمية – قطر. – ج. العنوان

PN4784.O62 E42 2017

070.4095363 – dc 23

المحتويات

مقدمة

بدأ هذا العالم يزداد ارتباطًا، بعضه ببعض، شرقًا وغربًا، شمالًا وجنوبًا، بفضل التوسع في استخدام الشبكة العنكبوتية أو الإنترنت، ومجالات عمل كثيرة قد بدأ بعضها يستثمر هذه الشبكة، وبعضها يحاول مسايرتها، فيما يراقبها ثالث بشيء من التحفظ، ولكن هناك من لا يزال متمسكًا بما هو عليه، بل محاولًا النجاة بنفسه من تأثيرات هذا السيل الرقمي الجارف، إن صح لنا هذا التعبير.

وقد تحولت مجالات عمل عديدة، منذ بداية الألفية الثالثة، وبشكل متدرج، نحو الرقمية، منطلقة من مبدأ أن القرن الحالي هو بداية دخول عصر رقمي قادم، وبقوة، ولا مجال لغيره أن ينافسه، وأن هذه الرقمية ستعمل على تقليل دور الورق، بشكل متدرج، سواء كانت صحفًا ومجلات، أم كتبًا وإصدارات ورقية أخرى متنوعة، خصوصًا بعد علو أصوات دعاة ومحبي المحافظة على البيئة، لا سيما الأشجار فيها، المكون الأساسي للعالم الورقي، ولا شك أن أبرز مجال يعتمد على استهلاك كمٍّ هائل من الورق هو الصحافة ومن بعدها الكتب.

سنتحدث، في هذا الكتاب، حول أثر تحول الصحافة اليومية في

قطر إلى صحافة رقمية، وسندرس وضع الصحافة القطرية بشكلها الحالي المزدوج، ما بين الورقية والرقمية، والآثار الإيجابية المتوقعة حال تحولها إلى رقمية بشكل تام، سواء على المستوى الاقتصادي، أم الإعلامي الجماهيري.

لم يعد تحول الصحافة القطرية إلى الرقمية ترفًا، بحسب مقتضيات التحول الهائل الحاصل في العالم الآن، وبشكل متسارع مستمر. ولعل من أهم مظاهر عالم الرقمية: السرعة والتفاعلية، باعتبار أن الوصول إلى المُتلقي والتأثير عليه ومشاركته في الفكرة والرسالة، قد صار أمرًا شائعًا اليوم، ومرغوبًا عند الملايين من مستخدمي شبكة الإنترنت. والصحافة اليومية بما أنها، منذ زمن طويل، وسيلة محببة للتواصل لدى جمهور كبير يعرف بها ما يدور حوله، ستكون من أكثر المجالات المستفيدة من عنصري السرعة والتفاعلية اللذين يوفرهما عالم الرقمية.

وتُعد سرعة التحرك عند الصحافة القطرية للتحول الرقمي، ولو كان متدرجًا، ووفق خطة إستراتيجية محددة المعالم، حاجةً ماسة لها قبل متابعيها والمستفيدين من خدماتها.

وقد دفع التطور، الذي طرأ على وسائل الاتصال الحديثة، منذ بدايات التسعينيات، الكثيرين من المشتغلين في مجال الإعلام بجميع وسائله، إلى إعادة فهم الاتصال من جديد، عكس ما كان قد درسه كثيرون منهم من نظريات الاتصال في الجامعات. فالتطور السريع الحاصل في مجال تقنية الاتصال، وثورة المعلومات المصاحبة لهذا التطور، لم يدفعا العاملين في مجال الإعلام إلى الاهتمام به

فحسب، بل دفع كذلك غيرهم من العاملين والمشتغلين بمجالات تتأثر بصورة أو بأخرى بهذا التطور، كمجالات الاقتصاد والتعليم وغيرها. وقد أصبح التطور السريع الحاصل في تقنيات الاتصال لافتًا للنظر وملحوظًا، لأنه وصل إلى كل بيت، بل إلى كل إنسان بصورة أو بأخرى.

واليوم، وبعد أكثر من عقدين من الزمان، أصبحت التقنية، لا سيما تقنية الاتصال، جزءًا حيويًا في حياة كل إنسان لا يمكن الانفكاك عنه، بدءًا من وسيلة الاتصال الأكثر شهرة، وهي الهواتف المحمولة، وصولًا إلى أجهزة الحاسب المختلفة. وقد صارت أنظمة الحياة في المجتمعات البشرية اليوم شبه رقمية، معتمدة على الأجهزة الرقمية في إدارة غالبية شؤون البشر، في المجتمعات المتقدمة، وكذلك النامية.

ولا شك أن مجال الصحافة اليومية أحد أبرز المجالات التي تأثرت، وبشكل تدريجي، بالذي يحدث في عالم تقنية الاتصال، وربما تكون الصحافة اليومية، التي تُعد الرئة التي يتنفس الناس بها كل يوم، منذ أكثر من قرن من الزمان، أكثر مجال وجد نفسه مضطرًّا، أو سيضطر، عاجلًا أم آجلًا، لمواكبة هذا التطور. فالأمر لم يعد ترفًا، باعتبار أن بقاءها بالصورة التي تتمناها صار مهددًا، ما لم تتواكب مع سرعة تطور تقنيات الاتصال.

وقد ساهمت الصحف، التي غامرت مبكرًا بدخول المجال الإلكتروني، في التقارب والتواصل الإنساني بين شعوب وأمم مختلفة، وساهمت في نقل المعلومة والحدث بين مختلف الأجناس

والأعراق البشرية، الأمر الذي أدى فعليًّا إلى إلغاء المسافات والحدود القارية، واختلاف اللغات واللهجات بين البشر، كما ساهمت كثيرًا في نشأة جيل جديد، يشعر كما لو أنه جيل ينتمي إلى عالم موحد لا تفرقه الألوان، ولا اللغات، ولا الأعراق، بل هو عابر للقارات، إن صح التعبير، حيث يشعر الغربي بالعربي، والآسيوي بالأفريقي، ويتشاركون الهموم والمشكلات والمشاعر، إذ يكفي أن كل طرف اليوم صار يعرف كثيرًا عن الآخر، وإن لم يستطع المساعدة، أو المساهمة بشكل مباشر، في حل مشكلاته أو قضاياه.

كل هذا التفاعل مع أي قضية دولية، ما كان له أن يكون ويقع لولا الصحافة الإلكترونية، بمعية وسائل الإعلام الرقمية الأخرى، كالفضائيات مثلًا، وهو الأمر الذي لم تكن الصحافة الورقية لتقدر عليه، وحتى إن قدرت بشكل أو بآخر، فإنه من المؤكد لن يكون بالسرعة والتفاعلية اللتين تبدو عليهما الصحافة الإلكترونية أو الرقمية.

إن مطالعة الصحافة اليومية عادةٌ يومية عند ملايين البشر، يبدؤون بها يومهم مع إفطار الصباح، أو الساعات الأولى من أعمالهم، أو أثناء استراحاتهم خلال أوقات العمل، فيمارسون عادتهم اليومية في معرفة آخر أخبار الساعة، بحسب اهتمام كل فرد، ما بين السياسة، والاقتصاد، والرياضة، والحوادث، والتجارة، والأسهم، وغيرها من المجالات المتنوعة.

وقد بات الترابط والعلاقة الوثيقة بين القارئ وصحيفته مهددين اليوم، بفعل تطور وسائل الاتصال. والتهديد ليس بسبب تطور تلك الوسائل الإلكترونية، ولكن بسبب تأخر الصحف اليومية في

مواكبة هذا الأمر، والمواكبة لا تعني فقط، كما هي الحال عند غالبية الصحف، إنشاء مواقع إلكترونية على شبكة الإنترنت، بحيث يكون محتواها نسخة من الصحيفة الورقية، لكن المواكبة، التي أعنيها، تشمل إعادة فهم ما يجري، وفهم الثقافة الجديدة التي بدأت تجتاح القراء، بشكل لا مجال فيه للنأي أو الابتعاد عنها.

ومن هنا، صار أمر التحول إلى الحياة الرقمية، بالنسبة إلى الصحف اليومية، فرضًا وليس ترفًا، لمواكبة الثورة المعلوماتية والاتصالية التي تجتاح العالم، والتي حولته من قرية صغيرة، كما كان سائدًا من قبل، إلى حاسوب صغير متنقل. وما دامت المسألة تتجه إلى أن يُختزل العالم في حاسوب صغير أو هاتف محمول، بعد حين من الدهر لن يطول كثيرًا، فإن الأمر إذن لم يعد ترفًا من القول، أو تنظيرًا نأخذ به أو لا. الأمر يزداد إثارة وجدية في آنٍ واحد.

وحتى تُبقي الصحف اليومية على جمهورها، صار لزامًا عليها الدخول في معترك الحياة الرقمية، والتعامل معها بجدية تامة، وإلا فالقطار التقني سيفوتها، ومعه جيش كبير من قرائها، الذين سيتحولون بالضرورة إلى قراء إلكترونيين، أو قراء لا يجدون مبتغاهم في الصحف الورقية، كما يجدونه متجددًا كل حين في الصحف الرقمية.

أصبحت الصحف الرقمية، اليوم، مجالًا قائمًا بذاته، وتختلف بشكل كبير عن حال الصحف الورقية، وإن بدت الأخبار والمعلومات فيهما متشابهة، فالفرق أصبح كبيرًا وشاسعًا، بل يتسع كل حين، بفضل التقنيات والأفكار الرقمية التي تتجدد وتتنوع بشكل مستمر وعلى فترات قصيرة.

الفصل الأول
نشأة شبكة الإنترنت

من المفيد التطرق، ونحن نبدأ الحديث حول الصحافة الرقمية ونشأتها، إلى معرفة ماهية شبكة الإنترنت أو الشبكة العنكبوتية، كما اصطلح العرب على تسمية هذه التقنية الجديدة، لكي نكون على إدراك ووضوح رؤية، بشكل عام، قبل معرفة التفاصيل.

منذ بدايات ثمانينيات القرن الماضي، وعمليات التطوير على الحواسيب الشخصية لم تتوقف، حتى إذا ما جاءت أواسط الثمانينيات، بدأت مشروعات تطويرية لجعل الحواسيب على اتصال ببعضها البعض، فنشأت فكرة الشبكات، وهي التي سيقوم عليها أساس الإنترنت، بعد قليل من السنوات.

وحتى نتمكن من فهم ماهية شبكة الإنترنت، سنبدأ بتعريف الشبكة الحاسوبية (Computer Network)، وهي عبارة عن نظام لربط جهازين، أو أكثر، باستخدام إحدى تقنيات نظم الاتصالات، من أجل تبادل المعلومات والمواد والبيانات بينها، والتواصل المباشر بين المستخدمين، فإن كانت الحواسيب أو الكمبيوترات، داخل مبنى واحد على سبيل المثال، فإننا نُطلق عليها الشبكة الداخلية،

أو المحلية، وترجمتها «Local Area Network LAN». وحين تتسع وتتباعد الأماكن، كأن نقوم بربط مجموعة حواسيب في مدينة واحدة أو دولة، وتتسع حتى تشمل دولًا عديدة، فنُطلق عليها الشبكة العريضة أو الواسعة، وترجمتها «WAN Wide Area Network». ومن هنا ظهرت كلمة الإنترنت، وهي عبارة عن الأحرف الأولى من كلمتين بالإنجليزية هما «International Network»، أو شبكة دولية.

إذن، فالإنترنت ما هي إلا شبكة الشبكات، حيث تربط ملايين الكمبيوترات أو الحواسيب في العالم، المنتشرة في البيوت والجامعات ومراكز البحوث والشركات والمؤسسات وغيرها، بحيث يتيح هذا الربط عبر الشبكة، لملايين المستخدمين، الحصول على كم هائل من المعلومات في شتى الموضوعات والمجالات، من خلال عملية بحث عبر محركات متخصصة، لا تستغرق من الوقت سوى ثوانٍ معدودات، حتى تجد عشرات الآلاف، وربما أحيانًا ملايين من المواقع ذات الصلة بموضوع البحث!

تاريخيًّا، ظهرت شبكة الإنترنت عام ١٩٦٢، على خلفية فكرة تقدَّم بها مهندس يُدعى «Licklider»، وكان قد تم تعيينه رئيسًا لوكالة أبحاث الدفاع المتقدمة في الولايات المتحدة، أو ما يُعرف بـ«Defense Advanced Research Projects Agency»، أو مشروع «أربانت»، الذي أُطلق عام ١٩٦٩، كواحد من مشاريع وزارة الدفاع بالولايات المتحدة الأمريكية، حيث أنشئ هذا المشروع من أجل مساعدة الجيش الأمريكي، عبر شبكات الحاسب الآلي، لربط الجامعات ومؤسسات الأبحاث والدراسات؛ للاستغلال الأمثل

للقدرات التقنية للحواسيب المتوافرة، في تلك الفترة، من أجل أبحاث لها علاقة بالقوات المسلحة.

وكان الهدف، من هذا المشروع، تطوير تقنية تشبيك كمبيوتر، تصمد أمام أي هجوم عسكري. وصممت شبكة «أربا» عن طريق خاصية تسمى طريقة إعادة التوجيه الديناميكي (Dynamic rerouting)، وتعتمد هذه الطريقة على تشغيل الشبكة بشكل مستمر، حتى في حالة انقطاع إحدى الوصلات أو تعطلها عن العمل تقوم الشبكة بتحويل الحركة إلى وصلات أخرى. وقد بدأت أولى خطوات تلك الشبكة بوصل كلٍّ من جامعة «كاليفورنيا»-«لوس أنجلوس» ومعهد الدراسات في «ستانفورد»، وتطورت الشبكة تدريجيًّا. ففي عام ١٩٨١ زاد عدد المراكز المضافة إلى تلك الشبكة إلى ٢١٣، بمعدل مركز جديد كل عشرين يومًا، وأصبحت «ARPANET» النواة التقنية للإنترنت لاحقًا، والأداة الأساسية في تطوير التقنيات التي استخدمت لاحقًا لبناء شبكة الإنترنت[١].

وقد استبدلت وزارة الدفاع الأمريكية بروتوكولات الاتصال بالإنترنت، في الأول من يناير ١٩٨٣، الأمر الذي أسهم كثيرًا في نمو الشبكة، فقد ساعد هذا على ربط المؤسسة الوطنية للعلوم بجامعات الولايات المتحدة الأمريكية، مما سهَّل عملية الاتصال بين طلبة الجامعات، وتبادل الرسائل الإلكترونية والمعلومات، بدخول الجامعات إلى الشبكة، التي بدأت في التوسع والتقدم. وساهم طلبة الجامعات بمعلوماتهم، وظهر المتصفح المسمى بـ«نت سكيب» (NETSCAPE)، وهو في الأصل من جهود طلبة الجامعة، مما ساهم

في ظهور شركة خدمات حاسوب أمريكية اشتهرت على خلفية مستعرض الشبكة، الذي طورته تحت اسم «نت سكيب نافيغيتور» (Netscape Navigator)، والذي سيطر، لفترة من الزمن، على سوق مستعرضات الشبكة أو الويب، لكنه فقد معظم حصته في السوق، لاحقًا، لصالح مستعرض إنترنت «إكسبلورر»، الذي أطلقته شركة «ميكروسوفت» (Microsoft). وقد انحسرت نسبة انتشار مستعرض «نت سكيب نافيغيتور» بنهاية ٢٠٠٦ إلى أقل من ١٪، بعد أن كانت نسبة انتشاره في أواسط تسعينيات القرن العشرين أكثر من ٩٠٪. أما شركة «نت سكيب» فقد أنشئت عام ١٩٩٤، ثم اشترتها شركة «إيه أو إل» (AOL) (American On Line) عام ١٩٩٨، التي أعلنت أنها ستوقف دعمها لمنتجات «نت سكيب» عام ٢٠٠٨.

اختراع الصورة الحالية للشبكة

بعد الجهود الابتدائية في مشاريع الشبكات، والربط بينها في الولايات المتحدة، يظهر مخترع بريطاني هو البروفيسور «تيم بيرنيرز لي» (Timothy John Berners-Lee)، الذي يعود إليه الفضل في اختراع شبكة الإنترنت بالصورة الحالية، حيث تخرَّج تيم في كلية الملكة في جامعة «أكسفورد» بإنجلترا سنة ١٩٧٦، وقضى سنتين مع شركة «بليسي» للاتصالات السلكية واللاسلكية، المصنِّع الرئيسي لأجهزة «تيليكوم» في المملكة المتحدة، وعمل في قسم نظم المبادلات التجارية وسباقات الرسائل. وفي سنة ١٩٨٩ اقترح مشروع لغة تعليم النص المترابط، أو ما يسمى بـ«النص العالمي

المترابط»، وهو ما عُرف فيما بعد بالشبكة العالمية: «World Wide Web»، معتمدًا في هذا المشروع على المشروع الأول الذي صممه «إنكواير» (Enquire)، وقد صُمم للسماح للمستخدمين بالعمل معًا، وتوحيد معرفتهم على صفحات ووثائق لغة تعليم النص المترابط.

كان تيم هو أول من كتب مزودًا للويب «World Wide Web»، ووضع أسس أول برنامج مستقل لتصفح الإنترنت. وقد بدأ هذا العمل في أكتوبر ١٩٩٠، وكان البرنامج «World Wide Web» متاحًا من خلال معهد «سيرن» في ديسمبر من السنة نفسها، وأُطلق على الإنترنت في صيف ١٩٩١. وما بين ١٩٩١ و١٩٩٣، استمر تيم في العمل في تصميم الويب وتنسيق الملاحظات من المستخدمين عبر الإنترنت. وتمت مناقشة تعريفاته ومواصفاته الأولى «URIs»، «HTTP»، «HTML»، ونقحت ونوقشت في دوائر أكبر عندما انتشرت تكنولوجيا الويب. وفي ١٩٩٤ انضم تيم إلى مختبر علوم الكمبيوتر «Laboratory for Computer Science» في معهد «ماساشوستس للتكنولوجيا» (MIT) (Massachusetts Institute of Technology) كمدير لمنظمة «W3C»، وهي اتحاد شبكة «ويب» العالمية، التي يعمل أعضاؤها والعاملون بها على تطوير معايير «الويب» أو الشبكة. ومع الفرق العاملة في «MIT» و«INRIA» في فرنسا أخذت المجموعة تتحقق من إمكانية «الويب» الكاملة، وضمانات استقراره من خلال التطور السريع والتحولات الجديدة لاستعماله اللغوي. وفي سنة ١٩٩٥، تسلم تيم بيرنرز جائزة مبتكر العام الشاب «Young Innovator of the Year»، وجائزة «ACM

«Software Systems Award»، وغيرهما الكثير من الجوائز الإبداعية المهمة، من عدة شركات ومؤسسات، وحصل على درجات شرف من مدرسة «Parsons School of Design» للتصميم، في نيويورك، وجامعة «ساوثمبتون» (Southampton University)، والرجل المتميز في جمعية الكمبيوتر البريطانية(٢).

الإنترنت في التسعينيات

بدأ استخدام الإنترنت يزداد بشكل مطَّرد، منذ أواسط التسعينيات، باعتبار عدم وجود جهة تحتكر الأنظمة، بل قامت شركات وأشخاص على تطوير وبيع أنظمة الاتصال بالشبكة واستخدامها، وبدأت شركات الاتصالات حول العالم في توفير خدمة الدخول «Internet Service Provider ISO»، الأمر الذي ساعد على سهولة انتشار استخدام الشبكة في العالم. ففي أحدث الإحصائيات العالمية، التي نشرها موقع متخصص في الاتصالات حول العالم www.InternetWorldStats.com، تبين التسارع الرهيب الحاصل في عدد مستخدمي الشبكة حول العالم مع نهايات ديسمبر ٢٠١٦، حيث وصل العدد إلى ما يقرب من ثلاثة مليارات وسبعمائة مليون مستخدم، يعتمدون على الشبكة في حياتهم اليومية لتسيير أعمالهم، من خلال أجهزة ومنصات الخدمة من مختلف الأجهزة؛ كالحواسيب الشخصية والمحمولة، أو الأجهزة اللوحية والهواتف الذكية.

وبحسب إحصائيات الموقع نفسه، فقد بلغت نسبة نمو عدد

مستخدمي الإنترنت، منذ عام ٢٠٠٠ وحتى بدايات عام ٢٠١٧، حوالي ٩٢٤٪. ولدى المقارنة ببدايات العقد الماضي، يظهر جليًّا ذلك التوسع والتضخم في أعداد مستخدمي الإنترنت حول العالم، لتلبية متطلباتهم في الحياة الاجتماعية أو العمل، وتسيير الأعمال الإلكترونية من تجارة وعلم ومعرفة، وغيرها الكثير من الخدمات.

وقد ارتفع عدد مستخدمي منصات التواصل الاجتماعي بنسبة ٢٩٪ خلال عامين، حيث زاد العدد على ٢,٥ مليار شخص، في قفزة تشير إلى زيادة أهمية هذه الشبكات بالنسبة لحياة الكثيرين. وكشفت إحصاءات الربع الثالث من عام ٢٠١٦ أن عدد مستخدمي هذه المنصات بلغ ٢,٦ مليار مستخدم، وهو ما يمثل ٧٠٪ من إجمالي مستخدمي الإنترنت في العالم، البالغ عددهم ٣,٧ مليار شخص. ووفق النتائج المالية للربع الثالث، عادت الحصة الأكبر لشبكة فيسبوك بنسبة ٧٠٪ من إجمالي المستخدمين، إذ بلغ عدد مشتركي ما يوصف بالكوكب الأزرق نحو ١,٨٨ مليار مستخدم، بينما تتقاسم المنصات الأخرى الحصة المتبقية(٣).

إذن، فشبكة الإنترنت ما هي إلا شبكة عالمية من الروابط بين أجهزة الحواسيب، شبيهة بشبكة العنكبوت، تسمح للناس بالاتصال والتواصل فيما بينهم، واكتساب المعلومات من الشبكة الممتدة شرقًا وغربًا، شمالًا وجنوبًا، حيث تربط أجزاء الأرض بعضها ببعض، بوسائل بصرية وصوتية ونصية مكتوبة، وبصورة تجاوزت حدود الزمان والمكان، وكذلك التكلفة وقيود المسافات، بل وقيود الرقابة الحكومية.

الصحافة على الإنترنت

شكلت انطلاقة الصحافة على الشبكة العنكبوتية ظاهرة إعلامية جديدة، مرتبطة بثورة تكنولوجيا المعلومات والاتصالات، فأصبح المشهد الإعلامي أقرب لأن يكون ملكًا للجميع، وفي متناول أيديهم، بعد أن كان محصورًا في فئة معينة من الشعب، وصار أكثر انتشارًا وسرعة في الوصول إلى أكبر عدد من القراء. وبذلك تكون الصحافة الإلكترونية قد أنارت آفاقًا عديدة، وفتحت أبوابًا مغلقة، وأصبحت أسهل وأقرب للمواطن. ومنذ إنشائها، قبل عقدين من الآن، أحدثت الشبكة العنكبوتية ثورة في الحياة اليومية للملايين عبر العالم، ليصبح الإعلام الإلكتروني في ظرف وجيز شديد الخطورة، وعميق التأثير، وواسع الانتشار[٤].

ولا نبالغ إن قلنا بوجود بعض المتابعين، أو المشتغلين بالصحافة، الذين وصلت بهم قناعاتهم، وبشكل فيه بعض الغموض وعدم وضوح الرؤية، إلى أن الثورة الرقمية أو المعلوماتية تعني إلغاء المحتوى الورقي، سواء أكان كتابًا أم صحيفة أم مجلة، لكن الواقع الحالي لا يفيد ذلك تمامًا، ذلك أن الثورة الرقمية، وبشكل موجز، وسنأتي للتفاصيل لاحقًا، ما هي إلا خطوة أخرى في تقديم المحتوى، ولكن بأسلوب مغاير يواكب تطورات العصر. ومن هذا المنطلق يمكن القول باختصار إن المحتوى سيكون هو نفسه، كما نراه في الوسائل الورقية، بأشكالها المتنوعة من كتب أو صحف أو منشورات أخرى، ولكن أسلوب التقديم أو العرض سيختلف، فسيكون رقميًا على شكل موقع أو أقراص مدمجة، وما شابهها من وسائل، وهي ذاتها عرضة للتغيير أيضًا.

هناك من يرفض مجرد التفكير في المقارنة بين الصحافة الورقية ونظيرتها الإلكترونية، من منطلق أن الورقية صحافة تؤدي عملها كما اعتاد العاملون والقراء عليها، فيما يرون أن الصحافة الرقمية وسيلة جديدة لنشر ما تحتويه الصحف الورقية، وهي ليست أكثر من ناقل أو عاكس لها، تفتقد تلك الحميمية التي تتكون لدى القارئ وهو يتصفح جريدته كل صباح، ويشم رائحتها مع رائحة قهوته. بينما العكس مع الوسائل الإلكترونية المتنوعة التي يقرأ منها جريدته، إذ القارئ يفتقد تلك الحميمية مع أجهزة صُنعت، أساسًا، للبحث عن المعلومات أكثر من كونها مخصصة لأمر واحد، مثل الصحيفة اليومية، التي تُعد وتُجهز يوميًّا لأجل نشر موضوعات للقراءة، والقارئ يشتريها لهذا فقط.

الهدف إذن عند القارئ واضح، وربما زاد على القراءة، فيقوم بالاحتفاظ بالصحيفة كوثيقة، حيث يزيد المعارضون للمقارنة بين الورقية والرقمية أمرًا، ربما يرونه ميزة للورقية، وبه تتفوق على نظيرتها الرقمية، وهو أن الأولى يمكن اعتبارها وثيقة يُحتفظ بها بشكل محسوس وبطرق مختلفة، فيما الرقمية لا تشعر معها بأنك تتعامل مع أشياء محسوسة، فهي مجرد أرقام إلكترونية في عالم افتراضي، وتختفي عند إغلاق الجهاز! وربما تكون الوثائق المحفوظة عُرضة للحذف لأي خطأ تقني يرتكبه المتعامل مع الأجهزة، أو تكون الوثائق عُرضة لخطر الفيروسات وبرامج القرصنة المنتشرة عبر شبكة الإنترنت أو ما يُطلق عليهم «الهاكرز»، وغيرها من حجج وتبريرات لا أجدها مقنعة بصورة كافية.

نقلت صحيفة «البيان» الإماراتية، في عددها الصادر يوم ١٣ أبريل ٢٠١٣، عن دراسة أجرتها شركة «ميكروسوفت» تفيد، ضمن نتائج الدراسة، أن العالم سيشهد طباعة آخر صحيفة ورقية في عام ٢٠١٨، على الأقل في الدول المتقدمة. وما دام نمو شبكة الإنترنت يسير على الوتيرة الحالية، حيث السرعة في التغيير والنمو، فليس مستبعدًا أن تتحقق نبوءة، أو توقعات شركة ميكروسوفت، خصوصًا أن الصحافة الورقية المطبوعة ما زالت غير واعية، بصورة كافية، لما يحدث في العالم الرقمي حولها، وما زالت، على سبيل المثال، تقدم الأخبار التي يمضي عليها يوم كامل وتعطيها الأهمية، كما لو أنها جديدة، وتنشرها على صدر صفحاتها في اليوم التالي!

لكنْ هناك طرف ثالث يرى أن الصحافة الإلكترونية ما هي إلا مكملة لدور الصحافة الورقية المطبوعة، وليس هناك صراع بينهما، وأن التحول إلى الرقمية بشكل تام، هو أمر صعب الحدوث في الوقت الحاضر لغالبية الصحف الورقية، نظرًا لمسألة التكلفة أولًا، ومن ثَمَّ عدم تقبُّل كثير من المؤسسات الصحفية لفكرة ازدواجية الصرف على المادة نفسها، وإن اختلفت الوسائل، وهذا هو التفكير السائد لدى غالبية أصحاب المال والمستثمرين في المؤسسات الصحفية. ذلك أن التمويل أصبح الآن من آليات نجاح تلك الصحف في شكلها الحديث الذي ينعكس بالتالي على شكل وأداء الموقع؛ من حيث تنوع أخباره، وتحديثه بين الحين والآخر. ولا شك أن ثقافة الإنترنت أصبح لها جماهيرها وشعبيتها، وهي في ازدياد مستمر، على العكس من قراء الصحف والكتب بأشكالها الورقية التقليدية.

إن ما يعنينا، في هذا الكتاب، هو الصحافة الورقية، وكيفية مواكبتها لهذا التطور الهائل والسريع في عالم المعلومات والتقنية، مهما كانت القناعات عند الكثيرين بأن الثورة الرقمية لن تؤثر وتلغي الورقية، وأن كل ما يجري من تغيير إنما هو على أسلوب تقديم المحتوى، إلا أن ذلك لا يمنع ولا يضمن أن تبقى الورقيات على ما هي عليه الآن، لفترة طويلة مقبلة. وعلى الرغم من أن الصحافة الورقية ما زالت لها هيبتها في العالم العربي، ويمكنها التأثير في الرأي العام، فإن الأمر لن يستمر طويلًا لتبقى على ما هي عليه الآن، من محتوى وأسلوب تقديم، مع تنامي وتطور وسائل التواصل الاجتماعي بتنوعاتها العديدة، وتوسع شبكة الإنترنت، وتأثير ذلك على الجمهور الذي يتغير مع تغير وسائل الاتصال.

إننا نتعامل اليوم مع جيل يتعامل مع أدوات ووسائل وأساليب جديدة ومثيرة، في مجال تداول المعلومات، بل وإنتاجها كذلك، وكان مثل هذا الأمر، قبل عقود من الزمان، نوعًا من الخيال العلمي الواسع لأصحابها.

إن ما حدث للمعلومة والاتصال من تطور تاريخي، جدير بالاهتمام والملاحظة، فليس أمرًا هيِّنًا أن ينتقل الإنسان من عصر التدوين على الحجر والشجر والجلود وأي وسيلة أخرى ممكنة، إلى عصر الورق والطباعة، مرورًا بعصر الراديو أو البث الصوتي، ثم يتطور هذا الإنسان، وتتطور حاجياته واختراعاته، ليصل إلى التواصل عبر التلفزة، حيث البث المرئي، مؤذنًا بدخول عصر فريد ومثير من نوعه، ليصل بعد سنوات إلى عصر المعجزة، إن صح التعبير، حيث

النشر الإلكتروني والوسائط المتعددة، وما تبع ذلك من تطورات، ضمن ما نسميه اليوم الثورة المعلوماتية وثورة الاتصال.

يُجمع جُل المختصين المتابعين لمجال الاتصال في العالم، على أن ظهور شبكة الإنترنت والتوسع في استخدامها، من أهم التطورات التي شهدتها تكنولوجيات الاتصال، خلال السنوات القليلة الماضية. ويذهب البعض إلى اعتبار الإنترنت ظاهرة تضاهي في آثارها رقمنة شبكات الاتصال. ولعل من أبرز الشواهد الدالة على تلك الأهمية المتنامية لتأثير الإنترنت، ما تم تسجيله من تجاوز حجم المعطيات المنقولة عبر هذه الشبكات حركةَ الاتصال الهاتفية العادية.

ولفهم هذا الانتشار السريع للإنترنت، لا بد من الإشارة إلى الدور الكبير الذي لعبه انتشار قواعد البيانات من جهة، والتطور المسجل في ميدان تقنيات التدوين اللامادي للوثائق من جهة أخرى، إذ إن ظاهرة التضخم التي بلغتها المعطيات، ضمن إطار منطقي متناسق، أدت إلى تطوير أدوات حفظ هذه المعلومات، وتوفير إمكانيات أسهل لاستغلالها، فظهرت نتيجة لذلك قواعد بيانات توفر للمستعملين أوجهًا متعددة للمعلومات، تتماشى وحاجياتهم المرتقبة. وقد انتشرت بنوك المعلومات بفضلها، في جميع المجالات، وأصبحت تقدم إلى المستعمل خدمات ذات قيمة مضافة، وعلى الخط (On Line)، منها الإعلام والإرشاد والمساعدة. وقد أدى هذا إلى تطوير الخدمات المسداة لفائدة المستعمل، بجعلها متوافرة على الخط (On Line)، في كل مكان وزمان، وبأكثر شفافية، مما يضفي عليها اطمئنانًا وتقبلًا[٥].

الفصل الثاني
الصحافة الرقمية تاريخيًّا

للوقوف على بدايات الصحافة الإلكترونية، أو نشأة تلك الصحافة الإلكترونية، أو الرقمية، سنجد أن البداية كانت في السبعينيات من القرن الماضي، يوم أن عرف العالم خدمة «التلتكست» (teletext)، التي بدأت في المملكة المتحدة عام ١٩٧١، وكانت تعني خدمة النصوص المتلفزة، التي تبث معلومات على شكل نصوص ورسومات، عبر أجهزة تلفزيونية، مخصصة لاستقبال مثل تلك النوعية من المعلومات المرسلة.

وكانت المحاولة الأولى لاستخدام خدمة التلفاكس في هيئة الإذاعة البريطانية «بي بي سي» (BBC) عام ١٩٧٤، وتسمى «سي فاكس» (Ceefax أو See facts). ومع مرور الوقت وتنامي شبكة الإنترنت، بدأت المؤسسات الإعلامية في التقليل من استخدام تلك الخدمة من عام ١٩٩٠. ورويدًا رويدًا، أوقفت شبكة «سي إن إن» (CNN) الإخبارية الأمريكية استخدامها عام ٢٠٠٦، وأوقفت كذلك هيئة الإذاعة البريطانية الخدمة، بعد أن كانت مستخدمة لمدة ٣٨ عامًا، وكان قرار التوقف يوم ٢٩ أكتوبر ٢٠١٢، حيث انتهت، تقريبًا، بظهور التلفزيونات الرقمية المتوافقة مع شبكة الإنترنت.

كما سبق أن ذكرنا أن تنامي شبكة الإنترنت بدأ منذ بدايات عام ١٩٩٠، حيث أحدث ذلك حراكًا في عالم المؤسسات الإعلامية، لا سيما الصحفية، إذ بدأت المؤسسات الصحفية تستشعر أهمية هذه الشبكة في دعم وتطوير خدماتها الصحفية، واختلفت الروايات عن الأسبقية في خوض هذا المجال، وتعددت المصادر كذلك. ولكن المحاولات الأولى للصحف لاستثمار هذه الشبكة كانت عن طريق صحيفة «شيكاغو أون لاين» الأمريكية، التي تُعد أول صحيفة تظهر على الشبكة، عام ١٩٩٢. وهناك من قال إن معهد «ماساشوستس للتكنولوجيا» الأمريكي، هو أول جهة تطلق صحيفة على شبكة الإنترنت، وبحسب رواية الصحيفة نفسها على موقعها.

هناك من ذهب إلى أن الصحيفة السويدية «هيلزنبورج أجبلاد»، حسب ما جاء في موقع «ويكيبيديا» في القسم العربي عن «الصحافة الإلكترونية»، هي أول صحيفة تظهر كاملة على شبكة الإنترنت عام ١٩٩٠. ثم في عام ١٩٩٢ أنشأت «شيكاغو أونلاين» أول صحيفة إلكترونية على شبكة «أمريكا أونلاين». ثم انطلق أول موقع للصحافة الإلكترونية عام ١٩٩٣، في كلية الصحافة والاتصال الجماهيري في جامعة «فلوريدا»، وهو موقع «بالو ألتو أونلاين». ثم جاء بعده في ١٩ يناير ١٩٩٤، موقع «ألتو بالو ويكلي» ليصبح الصحيفة الأولى التي تنشر بانتظام على الشبكة. وعلى المستوى الآسيوي غير العربي، بدأ ظهور الصحف الإلكترونية بصدور صحيفة «The China Daily» في الصين، وصحيفة «Asahi Chimbon» في اليابان. أما على المستوى العربي، فتعد صحيفة «إيلاف» التي صدرت في لندن عام ٢٠٠١ أول صحيفة إلكترونية عربية.

وتُعد صحيفة «واشنطن بوست» أول صحيفة أمريكية تنفذ مشروعًا، بلغت تكاليفه عشرات الملايين من الدولارات، تضمن نشرة تعدها الصحيفة، وتعاد صياغتها في كل مرة تتغير فيها الأحداث، مع مراجع وثائقية، وإعلانات مبوبة، وأُطلق على هذا المشروع اسم «الحبر الورقي»، الذي كان فاتحة لظهور جيل جديد من الصحف الإلكترونية، التي تخلت للمرة الأولى في تاريخها عن الورق والأحبار والنظام التقليدي للتحرير والقراءة، لتستخدم جهاز الحاسوب، وإمكانياته الواسعة في التوزيع، عبر القارات والدول، بلا حواجز أو قيود. وقد كتب الباحث الأمريكي «مارك ديوز» (Mark deuze)، في دراسة له، حول الصحافة الإلكترونية، أنه في ١٧ مايو ١٩٩١ أُطلقت المعايير القياسية لشبكة الإنترنت (World Wide Web standards)، في مدينة جنيف، منبع شبكة الإنترنت. ثم في مايو ١٩٩٢ تم تدشين صحيفة «شيكاغو أون لاين» على الإنترنت، وبذلك تكون أول صحيفة في الولايات المتحدة، يتم تدشينها على شبكة الإنترنت[٦].

لسنا هنا بصدد البحث عن الأسبقية، بقدر معرفة بدايات ولوج المؤسسات الصحفية عالم النشر الإلكتروني، للانطلاق في الحديث عن النشر الإلكتروني للصحف على الإنترنت. ومن الجدير بالذكر أن الصحف الأمريكية كانت لها الأسبقية في دخول عالم النشر الإلكتروني، باعتبار انطلاق خدمة الإنترنت من الولايات المتحدة، حيث تحولت معظم الصحف الأمريكية إلى إنشاء مواقع إلكترونية لها اعتبارًا من عام ١٩٩٤، وبلغ عددها أكثر من ٣٠٠ صحيفة في عام ١٩٩٦.

كانت جريدة «واشنطن بوست» الأمريكية أول صحيفة ورقية تدخل عالم الرقمية، على شكل مشروع متكامل، يختلف مفهومه عن مجرد الوجود في الشبكة العنكبوتية، بنسخة إلكترونية عاكسة للنسخة الورقية. فقد بدأت في أواسط عام ١٩٩٤ بتدشين مشروع كلَّفها ملايين الدولارات، حيث قامت ببث العديد من موضوعاتها، من خلال شبكة الإنترنت، على الهواء مباشرة، كما هو شائع في عالم الاتصال التلفزيوني، أو الإذاعي، أو ما نسميه باللغة الإنجليزية «On Line». وكانت تقدم تلك الخدمة لقاء مقابل مادي رمزي لم يكن يتجاوز عشرة دولارات في الشهر، وكانت عبارة عن نشرة تعدها الصحيفة، وتُعاد صياغتها في كل مرة تتغير فيها الأحداث، مع احتوائها على إعلانات تجارية مبوبة.

يتحدث الكاتب الأمريكي «مارك بوتس»، عن بدايات دخول «واشنطن بوست» تجربة الصحافة الرقمية، حيث ذهب مدير تحرير الصحيفة إلى مؤتمر في اليابان عام ١٩٩٢، حضره كثيرون من المهتمين بالتقنيات الحاسوبية، وكيفية تطويرها، وبدأ الحضور مناقشة فكرة استخدام الكمبيوترات في خدمة الصحافة المكتوبة، وكان، للتو، قد بدأ مصطلح الإعلام المتعدد في الظهور والتداول، أو ما نسميه باللغة الإنجليزية «Multimedia». واندهش الرجل من الحديث الذي دار، وفي طريق عودته إلى الولايات المتحدة كتب تقريرًا لرئيسه يتحدث عن مستقبل للصحافة، قد لا يستوعبه كثيرون من العاملين بالصحف يومها. فقد كتب عن سوق الحاسبات وتطورها السريع، وأن التنبؤات تشير إلى أن التقدم التكنولوجي سيكون سريعًا

بشكل لا يمكن تقديره، وإن لم نواكبه سريعًا، فإنه لن يكون غريبًا إن وصلنا إلى مرحلة عدم الجدوى من بقاء الصحيفة. إنها سنوات قليلة باقية على نهاية هذا القرن، وسيكون للتقدم التقني في عالم الكمبيوتر شأن مختلف[٧].

التقدم التقني الهائل، إذن، في عالم الحواسيب الإلكترونية، وبالمثل التطور السريع في خدمات شبكة الإنترنت، دفعا العديد من الصحف لاتخاذ قرار الولوج في عالم النشر الرقمي، فمن عشر صحف تقريبًا على الشبكة في بدايات ١٩٩١، تطور الرقم بشكل لافت. ومنذ أن بدأت صحيفة «شيكاغو أون لاين» المسيرة الرقمية في مايو ١٩٩٢ كأول صحيفة إلكترونية، كما سبق وأشرنا، بدأت شبكة «أمريكا أون لاين» باستضافة أعداد جديدة راغبة من الصحف الورقية، لأجل حجز مواقع لها على الشبكة. وفي أبريل ١٩٩٦ أعلن اتحاد الصحافة في الولايات المتحدة الأمريكية، أنه أصبحت هناك ١٧٥ صحيفة يومية ورقية، تتوافر لها نسخ إلكترونية على شبكة الإنترنت، ووصل العدد يومها في بقية أنحاء العالم إلى ٧٧٥ صحيفة تقريبًا، وزاد العدد بحلول ١٩٩٩ إلى حوالي ٢٨٠٠ موقع صحفي إلكتروني. واليوم، وبعد مرور حوالي عقدين من الزمان، لك أن تتخيل عدد الصحف والمواقع الإخبارية حول العالم وبكل اللغات. لا شك أنه رقم كبير.

بدأت الصحف في كل أقطار العالم، بعد استشعار أهمية شبكة الإنترنت، في الوصول إلى أكبر عدد ممكن من القراء، من دون حواجز جغرافية؛ زمانية ومكانية، والتي كانت عائقًا في فترة

ماضية أمام التمدد والتوسع للصحف على مستوى العالم. وبدأت الصحف تؤسس لنفسها مواقع على شبكة الإنترنت كخطوة أولى في عالم النشر الإلكتروني، وبدأت بإصدار نسخ إلكترونية من طبعتها الورقية، من دون تغيير حتى اليوم التالي، وبقيت الطبعات الورقية محتفظة بمكانتها، من دون تسجيل تراجع جدي في أرقام توزيعها اليومية، لكن الملحوظ أنه من النادر اليوم أن توجد صحيفة ورقية من دون أن يكون لها نسخة إلكترونية. وهذا الأمر بدأ يتغير أيضًا، بل لا بد أن يتغير مع ازدياد حاجة القراء إلى متابعة آخر التطورات لأي حدث.

أما بناء المحتوى الإخباري لصحافة الإنترنت، فقد تطور عبر ثلاث مراحل: في المرحلة الأولى كانت صحيفة الإنترنت تعيد نشر معظم أو كل أو جزء، من محتوى الصحيفة الأم. وهذا النوع من الصحافة ما زال سائدًا. وفي المرحلة الثانية يقوم الصحفيون بإعادة إنتاج بعض النصوص، للتواؤم مع مميزات ما ينشر في الشبكة، وذلك بتغذية النص بالروابط والإشارات المرجعية، وما إلى ذلك، وهذا يمثل درجة متقدمة عن النوع الأول. أما المرحلة الثالثة فيقوم الصحفيون بإنتاج محتوى خاص بصحيفة الإنترنت، يستوعبون فيه تنظيمات النشر الشبكي، ويطبقون فيه الأشكال الجديدة للتعبير عن الخبر. وما يهمنا هنا أكثر، أن الصحافة العربية كانت حتى عام ٢٠٠٠ غير قادرة على استخدام أساليب وتكنولوجيات ومميزات النشر الإلكتروني، ولم يتبلور عندها الإدراك الكامل لطبيعة الصحيفة الإلكترونية، وأنها في الحقيقة تمثل بداية مشروع في أطواره الأولى

(To go online)، كما أن عقلية النشر الورقي ما زالت هي السائدة، في معظم هذه الصحف، وأن غالبية هذه الصحف لا يتم تحديثها، على مدار الساعة، بل هي نسخة كربونية من الصحيفة الورقية[٨].

الصحافة والإنترنت

إن توسع شبكة الإنترنت وسهولة التعامل معها، ورخص أسعار الحواسيب المتنوعة، وكذلك الاشتراكات مع شركات الهواتف، بخصوص خدمة الإنترنت، شجَّعت الصحف الورقية على خوض التجربة الإلكترونية، حتى لو لم يتغير كثير من محتواها عن الورقية. ويرى بعض الباحثين أن هناك عوامل عدة ساهمت في ظهور وتطور الصحافة الإلكترونية، مثل:

- الارتفاع المدهش في قدرات الإعلام الآلي لطاقات الكمبيوتر على تخزين ومعالجة المعطيات.
- التقدم في مجال ترقيم المعطيات؛ فكل معلومة مشفرة في شكل رقمي، مما يمنحها لغة عالمية، حيث يمكن نقل وتبادل المعطيات الرقمية، من نقطة إلى أخرى في العالم، من دون النظر إلى اللغة الأصلية التي كُتبت بها.
- تطور تقنية ضغط المعلومات وفك ضغطها، وعن طريقها تستطيع إرسال المعلومات بسهولة، بدلًا من تخصيص مساحات كبيرة تعرقل عملية إرسالها.
- ظهور القارئ الرقمي الذي أصبح يُفضِّل الاطلاع على الأخبار والمعلومات في المواقع الإلكترونية، لما تتمتع به من

خصائص فنية، كتحديثها باستمرار، واشتمالها على كم هائل من المعلومات، واقتنائها بطرق تفاعلية مختلفة.

- مواجهة الصحف المكتوبة، على المستوى العالمي، لصعوبات كبيرة، بسبب ارتفاع أسعار الورق والطباعة، وقلة المادة الإعلانية التي فضلت التلفزيون والإنترنت[٩].

من هنا يمكن القول إن شبكة الإنترنت لعبت دورًا مهمًّا نحو الدفع بالصحافة الورقية لكي تتحول تدريجيًّا إلى رقمية، لتلعب دورًا أكثر أهمية في المجتمع. وبالمثل ستلعب الشبكة دورًا مهمًّا، في تغيير دور وسائل الإعلام المطبوعة الأخرى، في حياتنا اليومية، مثل المجلات والكتب والنشرات وغيرها. وليس بدعًا من القول حين نلفت الانتباه إلى أن هذه الشبكة عبر نموها المستمر السريع، يمكنها جذب المعلنين لتحويل إعلاناتهم من المطبوعات الورقية إلى الرقمية. وبهذا المستوى من التأثير والجذب، يمكن لشبكة الإنترنت القيام بدور الإبراز والإشهار للكثيرين من أصحاب الأقلام والآراء، الذين لم تُتِح لهم وسائل الإعلام التقليدية الفرصة للبروز، ونشر آرائهم وإنجازاتهم الأدبية والفكرية.

مع تطور وتوسع شبكة الإنترنت، بدأت تلوح في الأفق بعض المؤشرات على قرب ميلاد سلطة خامسة في الدول والمجتمعات، إضافةً إلى السلطات الثلاث المعروفة، ومعها السلطة الرابعة المتمثلة في الصحافة اليومية. فاليوم يبدو للمتابعين أن الصحافة الرقمية، ومعها وسائل التواصل الاجتماعي، ستكون هي السلطة الخامسة المؤثرة في أي مجتمع، سواء بدأ تأثيرها في بعض المجتمعات

المتقدمة، أم لم يبدأ بعد في مواقع جغرافية أخرى من العالم، إلا أن هذا هو المتوقع حدوثه، كلما تطورت شبكة الإنترنت في أي بلد، وتطورت معها وسائل الاتصال، وزاد عدد الصحف الرقمية على الشبكة.

وقد أثرت التقنيات الحديثة في مجال الاتصال على الصحافة، بشكل مباشر، وفي الوقت ذاته، وربما يكون هذا التأثير قد وقع سلبًا على تلك النوعية من المؤسسات الصحفية، التي ما زالت تتردد في مواكبة هذا التطور، ومحاولة استثماره بالشكل الذي يعود عليها بالنفع.

جعلت الثورة التكنولوجية أو التقنية التي تحدث في العالم الآن، والتي تزامنت بالضرورة معها الثورة المعلوماتية، أساليب الحياة التقليدية تتغير تحت ضغطها، ليس حبًّا أو رغبةً. وكما أن شبكات المعلومات والنشرات الإلكترونية وكوابل الألياف البصرية، تؤثر على مناحي الحياة المختلفة، فإن الصحافة هي الأخرى ليست بعيدة عما يحصل، فهي معرضة للتغيير، من حيث ترغب أو لا ترغب، فالمسألة لم تعد فيها خيارات كثيرة. ولا شك أن صناعة الصحافة ستتأثر كثيرًا بهاتين الثورتين: التقنية والمعلوماتية.

النشر الإلكتروني للصحف

ستدفع التطورات التي تحدث في عالم التقنية والاتصال بالصحافة إلى أن تخوض غمار النشر الرقمي، والاستغناء التدريجي عن الورقي، فالصحيفة حين تتحول موادها إلى صيغة رقمية، ويتم

نقلها عبر كوابل وخطوط الهاتف إلى أجهزة الكمبيوتر المنزلية وغيرها، ليجدها القارئ من خلال الشاشة التي أمامه، سواء كانت لجهاز حاسب أو هاتف أو أي جهاز إلكتروني به إمكانيات استعراض الصحف والكتب، فهذا أمر لا يمكن رده ورفضه، بل أجده غاية في الإثارة، وعاملًا يدفع بالصحف الورقية قدمًا إلى خوض غمار التجربة الآن وقبل فوات الأوان.

إن تكنولوجيا وسائل الإعلام والاتصال الحديثة ستجعل الصحافة تفقد أهميتها التقليدية، كمصدر للمعلومة، فالكم الهائل من المعلومات الخام، أصبح اليوم متاحًا للجميع، وفي أي وقت. وأصبح في مقدور أي فرد، بدلًا من أن يكون مُتلقيًا للرسالة الإعلامية فقط، كما كان منذ زمن بعيد، مناقشة الرسالة مع صاحبها، أو مصدر الرسالة أو المرسل، كما في المفهوم الإعلامي. وهذا الأمر جعل الصحافة والصحفيين يفقدون مكانتهم التي كانوا يعتمدون عليها في كسب الأهمية، باعتبارهم مصادر مهمة نادرة لثروة معلوماتية لا تتوافر لأي أحد بالسهولة التي يمكن تصورها.

واليوم مع تطور وسائل الاتصال ونمو شبكة الإنترنت، صار أمر المعلومات مشاعًا، ويمكن لأي أحد، بقليل من مهارات البحث واستكشاف الشبكة، أن يحصل على مبتغاه، ومن مصادر شتى. وهذا جعل القارئ يتحول إلى شخص إيجابي؛ بإمكانه التواصل والتفاعل مع مصادر المعلومات، يناقش ويعلق ويبدي الآراء حولها، وقد كان من قبل شخصًا سلبيًّا؛ حيث يتلقى المعلومة ولا يقدر على التعامل معها سواء بقبولها أو رفضها.

قد يظن أي مراقب لما يحدث اليوم في عالم التقنية والاتصال

ووضع الصحافة، أن الصحافة بصورتها التقليدية إلى زوال، أو أنها أمام تحدٍّ كبير وصعب، وهذا ظن صحيح، ولكن مع قليل إمعان، سنجد أن هذه الثورة في عالم التقنية والاتصال، قد تكون بداية عصر جديد مثير وفاعل للصحافة التقليدية، في حال استثمار الواقع الحالي في دعم مسيرتها وتعزيز مكانتها.

عوامل ساهمت في ظهور الصحف الإلكترونية

أدت الثورة المعلوماتية والتكنولوجية إلى وضع الصحافة المعاصرة، أمام تحديات جديدة، أتاحت لها فرصًا لم يسبق لها مثيل، سواء كان ذلك في غزارة مصادر المعلومات، أو سرعة نقلها، أو استخدامها. وانعكست هذه التطورات على أساليب جمع وإنتاج وتوزيع المعلومات في أجهزة الإعلام الرئيسية الثلاثة: المطبوعة والمسموعة والمرئية. وكذلك خلقت هذه التطورات جمهورًا جديدًا متميزًا، يعتمد على الإنترنت وشبكات نقل المعلومات الإلكترونية، في تلقي المعلومات. وبالتالي سارعت أجهزة الصحافة العصرية إلى استقطاب هذا الجمهور الجديد، عن طريق إضافة شبكة الإنترنت إلى وسائلها التقليدية، في نقل وتسويق الإنتاج الصحفي.

وسوف تسهم وفرة المعلومات وتدفق الاتصال، في إتاحة المعلومات بشكل لم تعرفه البشرية من قبل، حيث لعبت تكنولوجيا الاتصال والمعلومات دورًا في:

- وفرة المعلومات في جميع المجالات، وعدم إمكانية احتكارها من قِبل الصحافة فقط.

- إتاحة هذه المعلومات لمن يستطيع الوصول إليها، تقنيًّا واقتصاديًّا وفنيًّا وثقافيًّا، خصوصًا من خلال الإنترنت والفضائيات ووكالات الأنباء.
- التوسع في الاتصال، خصوصًا عبر شبكات القنوات الفضائية، والتلفزيونات الخطية، والإنترنت، وربط الكمبيوتر وشاشة التلفزيون ليكونا جهازًا واحدًا، مما يسبب فيضان الاتصال إقليميًّا ودوليًّا، ويعزز التنافس مع الصحافة بشكل كبير.

ولا شك أن استخدام التطور العلمي والتكنولوجي في صناعة وإنتاج الصحف أصبح ضروريًّا، وله فوائد عدة، منها:

- مواجهة التحديات الحالية والمستقبلية في مجال الإعلام.
- مواكبة عصر المعلومات والاتصالات.
- تطوير العملية الإنتاجية للصحف وغيرها من المطبوعات، لتحقيق الفائدة المثلى لصناعة الصحافة والطباعة والنشر.
- الموازنة الاقتصادية بين تكلفة الإنتاج والعائد المحقق.
- إعادة تخطيط المهام والمسؤوليات في الحقل الصحفي، بما يناسب روح العصر.
- مواجهة المنافسة بين الصحافة والتلفزيون.

وقد أصبحت الأقمار الاصطناعية تُستخدم بشكل واسع في صناعة الصحف، ونقل النسخ إلى محطات بعيدة. ففي مؤتمر عقدته صحيفة «الفايننشال تايمز» حول مستقبل صناعة الصحف والآثار المحتملة الحديثة، قيل إنه إذا كانت هناك إمكانية طباعة صحيفة، بصورة اقتصادية في تسعة أو عشرة بلدان في العالم، فلن يكون هناك

سبب في عدم توقع اليوم الذي نجد فيه أنفسنا قادرين على الطباعة في كل مدينة حيث يوجد قراء، أو حتى في أماكن التوزيع المهمة والمدن والأنفاق والمطارات، بل في كل دائرة مهمة، أو في المساكن والمنازل، وعندما يستلم المشترك الإشارة الإلكترونية تعطيه نسخة مطبوعة من صحيفته اليومية[١٠].

إيجابيات وسائل الاتصال على الصحافة وتطورها

أضافت وسائل الاتصال الحديثة عدة عناصر إيجابية، على وسائل الاتصال الجماهيرية، يمكن تحديدها في الآتي:

- تطور العملية الإنتاجية للصحف، وتحقيق الفائدة المثلى لصناعة الصحافة والطباعة والنشر.
- أصبحت وسائل الاتصال الحديثة وسيلة للنشر الصحفي.
- الاتصال بالقراء وتعميق العلاقة معهم، عبر الوسائل التفاعلية التي توفرها هذه الوسائل.
- أصبحت وسائل الاتصال الحديثة مصدرًا مهمًا من مصادر الأخبار والمعلومات والعلم والمعرفة، ومصدرًا أساسيًا للأخبار العاجلة.
- الاتصال المباشر من قِبل الجمهور بالصحيفة، ومحاورة الصحفيين، والدخول في نقاش معهم في مختلف الموضوعات والآراء.
- إرسال واستقبال المواد الصحفية، من وإلى الجريدة، وتخطي الحواجز الجغرافية والزمنية.

- أصبحت وسائل الاتصال الحديثة أداة لتسويق الخدمات، التي تقدمها المؤسسة الصحفية.
- الحصول على كمٍّ كبير من المعلومات والبيانات، والأرقام والإحصائيات المتوافرة على الإنترنت.
- الانضمام إلى جماعات صحفية وإخبارية، من خلال الإنترنت، يجري تبادل الخبرات الصحفية فيما بينها.
- توفر وسائل الاتصال الحديثة خدمة الاتصال بالمصادر الصحفية الكبرى، من منظمات وشخصيات دولية ومشاهير ومسؤولين.
- إمكانية عقد الاجتماعات التحريرية مع المراسلين والمندوبين[١١].

مراحل تطور الصحف الإلكترونية

إن التطور الذي طرأ على وسائل الاتصال، إضافةً إلى التطور والتوسع الدائمين في شبكة الإنترنت، أدت بالضرورة إلى تأثر الصحف التي دخلت غمار النشر الرقمي بصورة أو بأخرى. ولكن من المهم التذكير بأن إنشاء موقع إلكتروني لصحيفة، أو أية وسيلة إعلامية، لا يكفي مطلقًا لأن نعطي رأيًا قاطعًا بأنها صحافة رقمية؛ تلك التي مرت بمراحل تطور في أجيال متعددة، وصلت إلى الجيل الثالث اليوم. وهذه الأجيال هي:

- **الجيل الأول**

كانت المواقع الإلكترونية فيه تتسم بالجمود، وبطء التجديد، والاقتصار على النصوص فقط، مع غياب شبه كامل للملفات السمعية والمرئية وملفات الفيديو، ولم تكن الخدمات التفاعلية والإضافية قد ظهرت بعد.

• **الجيل الثاني**

تطورت فيه التقنيات المستخدمة، في تصميم وتشغيل المواقع، وفي دورية التحديث، وإضافة مواد جديدة تجمع بين الصوت والصورة والكتابة «text» و«multi media»، وفي الخدمات المضافة والوسائط المتعددة والرسوم المتحركة.

• **الجيل الثالث**

استطاعت الصحف الإلكترونية فيه توظيف معظم إمكانيات تقنيات الإنترنت، لصالح الخدمة الصحفية، في بث ملفات الصوت والفيديو، واللقطات الحية، وتخزين البيانات، أو الأرشيف الإلكتروني، والبحث عن النصوص والمواد المسموعة والمرئية عبر الإنترنت، والخدمات التفاعلية (Interactivity)، التي استُخدم الكثير منها بنجاح في مواقع التجارة الإلكترونية، فظهرت القصص الإخبارية متعددة الوسائط، وعمليات النقل المباشر من مواقع الأحداث، وإمكانية التواصل الحي بين القراء والصحفيين، واستضافة الخبراء في حوارات مباشرة وحية، واستطلاعات الرأي[١٢].

الفصل الثالث
الصحافة الرقمية.. تعريفات

هل هناك فرق بين الصحافة الرقمية والصحافة الإلكترونية؟

هل الصحف التي نشاهدها على شبكة الإنترنت تسمى صحفًا رقمية أم هي مواقع إلكترونية؟

قبل أن نخوض في التفاصيل، سنتعرف على التعريف الدقيق للصحافة الرقمية. فمنذ أن بدأت المحاولات الأولى للصحف العالمية دخول هذا المجال الجديد، ومحاولات المتابعين أو المنظِّرين من جانب آخر لم تتوقف للتوصل إلى تعريف محدد ودقيق لهذا المجال، فأُطلق عليه: «الصحافة الإلكترونية»، و«الصحافة الرقمية»، و«الصحافة الافتراضية»، و«صحافة على الخط» (On line newspaper).

والصحافة الإلكترونية، أو الرقمية، أو الفورية، ومصطلحات أخرى عديدة، ظهرت من أجل تعريف دقيق لهذا النوع من وسائل الاتصال والتواصل مع الجمهور. فيذهب الدكتور زيد منير سليمان في كتابه «الصحافة الإلكترونية» لتعريف هذا النوع من الصحافة بأنها عبارة عن نوع جديد من الإعلام، يشترك مع الإعلام التقليدي في

المفهوم والمبادئ العامة والأهداف، وما يميزه عن الإعلام التقليدي أنه يعتمد على وسيلة جديدة من وسائل الإعلام الحديثة، وهي الدمج بين كل وسائل الاتصال التقليدي بهدف إيصال المضامين المطلوبة، بأشكال متمايزة، ومؤثرة بطريقة أكبر. وهو يعتمد بشكل رئيسي على الإنترنت التي تتيح للإعلاميين فرصًا كبيرة، لتقديم موادهم الإعلامية المختلفة، بطريقة إلكترونية بحتة.

وذهب فريق ثانٍ في تعريفه لهذا النوع من الوسائل الإعلامية المستحدثة، بأنه نوع من الاتصال بين البشر، يتم عبر الفضاء الإلكتروني بشبكة الإنترنت، حيث يتم استخدام فنون وآليات ومهارات العمل في الصحافة المطبوعة التقليدية، ولكن يضاف إليها مهارات وآليات وتقنيات المعلومات التي تتناسب مع استخدام الفضاء الإلكتروني، كوسيط أو وسيلة اتصال، بما في ذلك استخدام النص والصوت والصورة والتفاعل، مع جمهور المتلقين لهذه الخدمة، وبسرعة فائقة.

وذهب فريق ثالث إلى تعريف الصحافة الإلكترونية بأنها عبارة عن منشور يحتوي على الأحداث والأخبار الجارية ومعلومات أخرى، ولكن تُقدم إلى القارئ بشكل إلكتروني، عبر وسيط هو الحاسوب أو الهواتف المحمولة، أو غيرها من الأجهزة الإلكترونية التي لها القدرة على ربط نفسها بشبكة الإنترنت. فيما رأى فريق رابع أن الصحف الإلكترونية هي التي تصدر وتُنشر على الشبكة العنكبوتية، سواء كانت مستقلة في أخبارها، أو نسخًا من الصحف الورقية المطبوعة.

وقد جاء في دراسة تم إعدادها لاتحاد المدونين العرب، كجزء من مشروع إصدار كتاب ورقي عن الصحافة الرقمية، أو صحافة التدوين، أنه إذا كان مجال الصحافة المطبوعة هو الورق والحبر والطباعة، فالصحافة الرقمية مجالها الواقع الافتراضي، أو ما يسمى بمنظومة الويب، وقد يُطلق عليها الصحافة الإلكترونية التي تعتمد على شبكة الويب. وإذا كان ما يُنشر على الشبكة يشمل العديد من المسميات التي يمكن أن يندرج تحتها مصطلح الصحافة، مثل: المنتديات، والمواقع، والنسخ الإلكترونية للصحافة المطبوعة، والمدونات، إلا أن أقربها لمصطلح الصحافة الإلكترونية هو المدونات. ويُطلق البعض على الصحافة المطبوعة في العصر الحديث، الصحافة الإلكترونية أو الصحافة الرقمية، وهذه تسمية خاطئة، لأن هناك فرقًا بين استخدام تقنيات رقمية فى إصدار الصحيفة المطبوعة، وبين إصدار رقمي كامل على شبكة الويب، وهو ما نطلق عليه الصحافة الرقمية، أو الإلكترونية، وعلى قمتها صحافة التدوين(١٣).

وذهب فريق خامس من الدارسين والباحثين العرب لتعريف الصحف الإلكترونية بأنها تلك الصحف التي تستخدم الإنترنت كقناة لانتشارها؛ بالكلمة، والصورة الحية، والصوت أحيانًا، وبالخبر المتغير آنيًّا. كما عُرِّفت بأنها تلك الصحف التي يتم إصدارها على شبكة الإنترنت، وتكون كجريدة مطبوعة على شاشة الكمبيوتر، وتشمل المتن والصورة والرسوم والصوت والصورة المتحركة. وقد تأخذ شكلًا أو أكثر، من الجريدة المطبوعة الورقية، أو تكون

موجزًا بأهم محتويات الجريدة الورقية، أو منابر ومساحات للرأي، أو خدمات مرجعية واتصالات مجتمعية.

ويميل فريق سادس إلى تعريف الصحافة الإلكترونية بأنها الصحف التي يتم إصدارها ونشرها على شبكة الإنترنت، سواء كانت هذه الصحف نسخًا أو إصدارات إلكترونية، لصحف ورقية مطبوعة، أو موجزًا لأهم محتويات النسخ الورقية، أو جرائد ومجلات إلكترونية ليست لها إصدارات مطبوعة ورقيًّا، وهي تتضمن مزيجًا من الرسائل الإخبارية، والقصص، والمقالات، والتعليقات، والصور، والخدمات المرجعية، حيث يشير تعبير «Online Journalism»، تحديدًا في معظم الكتابات الأجنبية، إلى تلك الصحف أو المجلات الإلكترونية المستقلة التي ليس لها علاقة، بشكل أو بآخر، بصحف ورقية مطبوعة.

وقد وضع الدكتور فايز عبد الله الشهري، الكاتب والباحث في الإعلام الجديد، تعريفًا للصحافة الإلكترونية يؤكد أنها عبارة عن تكامل تكنولوجي بين أجهزة الحاسبات الإلكترونية وما تملكه من إمكانيات هائلة، في تخزين وتنسيق وتبويب وتصنيف المعلومات واسترجاعها في ثوانٍ معدودات، وبين التطور الهائل في وسائل الاتصالات الجماهيرية، التي جعلت العالم قرية إلكترونية صغيرة[١٤].

ويعرِّف الدكتور حسين شفيق الصحافة الإلكترونية في كتابه «الإعلام الإلكتروني» بأنها نموذج جديد في العمل الصحفي، يستغل جميع مميزات وتقنيات الإنترنت، ويجعل الخبر الصحفي موجهًا

نحو الجمهور وما يهمه، ويصفي الأخبار بحيث يحصل القارئ على ما يهمه من دون الالتفات إلى الاهتمامات التجارية والإعلانية. وقد أطلق على هذا النموذج اسم «الصحافة الموزعة» (Distributed journalism)، أو «الصحافة التفاعلية» (Interactive journalism). ويبدو واضحًا أن هذا التعريف يريد أن يصف الصحافة الإلكترونية بأنها صحافة تفاعلية، أساسًا، وبالدرجة الأولى.

مما سبق من تعريفات، يبدو جليًّا أنه ليس هناك تعريف موحد أو متفق عليه للصحافة الإلكترونية، وأن كل من قام بتعريفها إنما عرَّفها بحسب فهمه لطبيعة عمل الصحيفة الإلكترونية أو خصائصها. ومن هنا حدث، وما زال يحدث، التفاوت في التعريفات. ولكن يمكننا تلخيص غالبية التعريفات التي ذهبت جُلها إلى أن الصحيفة الإلكترونية هي تلك التي يتم إنتاجها تحريريًّا، وإعدادها فنيًّا، وفق برمجة معينة مخصصة للنشر على الشبكة، سواء كانت تلك الصحيفة نسخة لصحيفة ذات كيان ورقي أساسًا، أو نشرة موجزة لما تحتويه الصحيفة الورقية من مواد تحريرية من دون الإعلانات التجارية، أو أنها في الأساس صحيفة رقمية نشأت على شبكة الإنترنت ولا وجود ورقيًّا لها، وتقدم جميع المواد الإعلامية المعروفة من خبر وتحقيق وتقرير وحوار، مستفيدة من برامج متنوعة لمعالجة الصور والأفلام الداعمة للمواد المكتوبة، وتتيح للجمهور التفاعل مع كل موادها، وتقوم بتحديثها كلما استدعى الأمر.

لن نتوقف كثيرًا عند حدود المصطلحات، أو التعريفات للصحيفة الإلكترونية، فهي كلها تشير إلى ما يمكن أن نعتبره عالمًا

جديدًا، يتم عبره نشر الكلمة التي اعتاد الناس على كتابتها، ومن ثَمَّ قراءتها بأشكال متنوعة. ومما سبق من المفاهيم والتعريفات حول الصحافة الإلكترونية، يمكننا القول إنها تدور جميعًا حول معنى واحد، يحتوي على عناصر أساسية في العالم الرقمي، تتكون من معلومات وجهاز حاسب وشبكة إنترنت.

لذا يمكن أن نطلق على الصحافة الإلكترونية أنها نوع جديد من أنواع الوسائل الإعلامية الصحفية، المرتبطة أساسًا بشبكة الإنترنت، في وجود جهاز حاسوب على اختلاف أنواعه. ولأننا نرغب في التعمق بشكل أكبر في الموضوع، فسيدور حديثنا في هذا الكتاب على ما يمكن أن نسميه ونطلق عليه مصطلح «الصحافة الرقمية»، وهي موضوعنا الأساسي هنا، وبذلك يمكن أن نجتهد ونُعرِّف الصحيفة الرقمية بأنها وسيلة إعلامية صحفية جديدة، تجمع ما بين خصائص الإذاعة والتلفزيون والصحافة المكتوبة، وتنشأ أساسًا على شبكة الإنترنت، وتكون الشبكة ميدانها الوحيد للإنتاج والنشر، ولها شخصيتها المستقلة، فلا تعكس أي وسيلة إعلامية أخرى، كإذاعة أو تلفزيون أو صحيفة ورقية من ناحية المحتوى، ولا تكون نسخة إلكترونية لوسيلة من الوسائل الإعلامية خارج شبكة الإنترنت، ولا يمنع أن تكون لها ارتباطات إدارية بمؤسسة إعلامية لها إصدارات وإنتاجات إعلامية متنوعة.

صحافة إلكترونية أم مواقع إلكترونية؟

حتى نصل إلى فهم دقيق لماهية الرقمية، أو الصحافة الرقمية،

فإن التعرُّف على بعض الفروقات بين الصحيفة الإلكترونية وبين الموقع الإلكتروني، أعتبره نقطة مهمة في هذا الأمر، حتى وإن تشابه المحتوى بين الصحيفة والموقع. وحتى لا يحصل خلط عندك أيها القارئ، فإن أبرز الفروق بين الصحيفة الإلكترونية والموقع الإخباري الإلكتروني، هو طبيعة النشأة. فأصل الصحيفة الإلكترونية أنها نشأت ابتداء على الورق بالصورة التقليدية، كأي صحيفة مطبوعة، لكن القائمين عليها ارتأوا، لمجاراة لغة العصر، ضرورة وجود نسخة إلكترونية منها على الإنترنت، فأنشأوا لها موقعًا إلكترونيًّا، وبالتالي فالصحيفة الإلكترونية هنا هي نسخة طبق الأصل من الصحيفة التي تصدر ورقيًّا وتوزع بصورة اعتيادية.

أما الموقع الإخباري الإلكتروني، فقد نشأ ابتداء على الإنترنت، وليس له أصل ورقي، وإنما بيئته الأساسية هي تلك البيئة الافتراضية اللامتناهية المسماة بـ«فضاء الإنترنت»[١٥].

وعلى هذا يمكن تقسيم الصحف الإلكترونية الموجودة على شبكة الإنترنت على النحو التالي:

- **مواقع إلكترونية تابعة لمؤسسات صحفية قائمة**

لها أصل ورقي، كالصحف اليومية والأسبوعية، والمجلات المتنوعة الأسبوعية والشهرية، أو مواقع لبعض القنوات الفضائية. وهذه تكون مرآة للوسيلة الأم الأساسية، ينعكس عليها ما يتم إنتاجه في تلك الوسيلة، بحيث لا تجد تحديثات على الموقع إلا مع صدور الصحيفة أو المجلة أو ما يتعلق بالقناة من أخبار وشؤون. وغالبية الصحف اليومية والمجلات الأسبوعية تعمل بهذه الطريقة.

- **مواقع إلكترونية شاملة وجامعة**

هي ما نسميها «البوابات الإعلامية»، مثل: «ياهو دوت كوم»، حيث تُنشر الأخبار والموضوعات الإعلامية المتنوعة، وتكون عادةً معتمدة على مصادر إعلامية متعددة. وهناك الكثير منها على الشبكة، ومن السهولة بمكان لأي فرد، بقليل من الفهم لأدوات البرمجة والتصميم والإبحار عبر شبكة الإنترنت، إنشاء بوابة إعلامية، حيث يكون غالب عمله هو ربط البوابة بعدد من مواقع الأخبار والمعلومات الأخرى، ليظهر في البوابة كل خبر أو موضوع يتم تحديثه في الموقع الأساسي أو المصدر، وكأنما يتم التحديث في البوابة نفسها. وهكذا الفكرة بإيجاز.

- **صحف إلكترونية**

يمكن أن نُطلق عليها رقمية، لتوافر عناصر الصحافة الرقمية فيها. فالصحيفة من هذا النوع ذات أصل إلكتروني، وليس ورقيًّا، وهي صحيفة مستقلة بإدارة مستقلة وصحفيين مستقلين، وليست نسخًا كربونية من صحف أو مجلات ورقية، ونشأت أساسًا على شبكة الإنترنت. وقد تكون مرتبطة بمؤسسة إعلامية، من الناحية الإدارية والمالية فقط، وربما يكون للمؤسسة العديد من الإنتاجات الإعلامية الأخرى، كفضائية مثلًا أو صحيفة أو مجلة، ولكن مع ذلك تكون تلك الصحيفة الرقمية مستقلة تمامًا في إنتاج المحتوى. ومن أبرز الأمثلة على هذا النوع من الصحف الرقمية، مواقع: «الجزيرة دوت نت»، و«بي بي سي أرابيك دوت كوم»، و«إيلاف دوت كوم». ولتلك المواقع أو الصحف الرقمية إدارات خاصة بها، وأقسام متنوعة، وهيكل إداري واضح.

- **مواقع إعلامية رسمية**

مثل مواقع الوزارات والمؤسسات الحكومية الرسمية، أو مواقع الأحزاب والتيارات السياسية والاقتصادية والاجتماعية وغيرها، وهي مواقع إخبارية تختص بنشر أخبارها وتقارير عن أنشطتها المختلفة، وتكون الرسمية هي الصبغة الغالبة عليها، وقد يفتقد كثير منها أهم صفات المواقع الرقمية الناجحة؛ وهي التفاعلية، خشية تصادمها مع آراء مخالفة أو مناقضة أو ناقدة لها، تؤثر على الجمهور الموالي أو المتعاطف أو المنتسب للحزب أو التجمع. ويمكن أن نقول الشيء نفسه عن مواقع الوزارات الحكومية التي تهتم بنشر أخبارها في المقام الأول. وقد تتيح هذه المواقع لزوارها عنصر التفاعلية، ولكن ليس بالمباشرة الفورية، وإنما على شكل أسئلة ترسل، ويتم نشر الإجابات بعد التأكد من ملاءمة السؤال لتوجهات وسياسات الموقع.

- **مواقع وكالات الأنباء الإخبارية الخاصة والرسمية**

هي مواقع صحفية تُقدِّم شتى أنواع الأخبار والتقارير الصحفية على شكل نصوص، إضافةً إلى مقاطع صوتية، وأخرى مرئية، مع الصور الرقمية للأحداث، وتنشر غالبًا تقاريرها وأخبارها بكثير من الموضوعية والحيادية، ولكن لا تخلو من الميل نحو سياسات الداعمين لها، سواء كانت دولًا أو مؤسسات، مثل: وكالة رويترز، والفرنسية، والقطرية، وغيرها.

- **مواقع إخبارية**

أو ما يمكن أن يُطلق عليها صحافة الأفراد والشخصيات، وهي عمومًا يمكن اعتبارها مواقع صحفية إخبارية، ولكنها غالبًا

تعكس وجهات نظر الشخصية التي قامت بإنشائها وأشرفت على تنفيذها. وتكون غالبية مواد الموقع لها صلة، بشكل مباشر أو غير مباشر، بالشخصية الرئيسية صاحبة الموقع. ويمكن الرجوع إليها ليس لاستقاء الأخبار، بل للحاجة أو الرغبة في معرفة وجهة نظر صاحب الموقع في قضية أو أمر ما. ولا يمكن الرجوع إليها كمصادر للأخبار، وإنما كمصادر آراء وتعليقات تعود إلى صاحب الموقع ليس أكثر. ومثل هذه المواقع منتشرة بكثرة على شبكة الإنترنت، مثل: موقع «إسلام تودي» (Islamtoday.net) للدكتور سلمان العودة، وموقع الشيخ عثمان الخميس «المنهج» (almanhaj.net)، وغيرهما من المواقع الشبيهة.

• المدونات

تكون شخصية أو لمجموعات. وهذا يقودنا إلى الحديث بعض الشيء عن صحافة المدونات، أو «بلوغز» (Blogs)، وهي التي يمكن اعتبارها أساس الصحافة الشخصية، وقد لعبت دورًا مهمًّا في التعرف على ما يجري من أحداث، خلال الحرب الأمريكية على العراق عام ٢٠٠٣، حيث ظهرت للمرة الأولى في التاريخ أثناء تلك الحرب، وكانت تُكتب بواسطة أشخاص من داخل العراق، سواء من قبل الجنود الأمريكان أو العراقيين بعد ذلك[١٦].

صحافة المدونات

إن عرضنا لتعريف المدونة، فيمكن القول إنها صفحة إنترنتية، تظهر على موقع فرعي من تلك المواقع التي تقدم مثل هذه

الخدمة مجانًا، مثل: موقع «بلوغ سبوت» (BlogSpot)، أو موقع «وورد بريس» (WordPress)، وغيرهما من المواقع، حيث تظهر عليها تدوينات مؤرخة ومرتبة ترتيبًا زمنيًّا، تصاحبها آلية لأرشفة الموضوعات القديمة، ويكون لكل تدوينة عنوان، غالبًا ما يدل على شخصية الكاتب، أو محتوى كتاباته، حيث يقوم المدوِّن أو «البلوغر» (Blogger) بنشر أخبار أو معلومات في مجال معين، أو يقوم، وهو ما تبدو عليه أغلب المدونات، بنشر آرائه في قضايا معينة، سياسية كانت أم اجتماعية أم غيرهما، بحسب ميول واتجاهات المدوِّن نفسه.

تتميز المدونة بأنها مجانية، يمكن لأي صاحب رأي أو قلم أن ينشئ لنفسه مدونة يكتب فيها ما يشاء، حيث تتوافر له إمكانية حفظ ما ينشره بطريقة منظمة، يمكن الرجوع إليها. وتكون المدونة ذات واجهة يقوم هو باختيارها، ضمن خيارات عديدة تقدمها تلك المواقع المذكورة آنفًا، لترفع عن كاهله تعقيدات التصميم والبرمجة اللذين لا يتقنهما إلا من له بعض الخبرة فيهما. فتوفر المدونة التقنية اللازمة لنشر المطلوب، مع إتاحة جميع الإمكانيات تقريبًا، التي عادةً ما تكون موجودة في المواقع المحترفة، مثل: النصوص ذات الأشكال المختلفة، والمقاطع الصوتية والمرئية، والألوان وبعض تقنيات الإبهار والجذب. وقد انتشرت المدونات في العالم العربي مع بدايات الألفية الثالثة، وزادت بشكل واضح مع بدء الربيع العربي أواخر عام ٢٠١٠، في بلدان مثل: مصر، وتونس. وصارت ساحة للنشطاء، يعبرون فيها عن آرائهم وتعليقاتهم، في عمل موازٍ لما يحدث في الشوارع والميادين، من أنشطة تطالب بالتغيير

والإصلاح. لكن حين بدأت الأمور تتعقد، وزادت حملات القمع والتنكيل بالمعارضين والنشطاء، حدثت حركة ارتدادية للمدوِّنين، فانتقلت أنشطتهم وفقًا لظروف الواقع الحقيقي القاسية والمؤلمة، إلى الواقع الافتراضي الأكثر أمنًا وأريحية، فظهرت بالإضافة إلى المدونات الشخصية، منصات عربية، تضم تحت لوائها مدوِّنين من شتى الأنحاء، مثل: هافينغتون بوست، وساسة بوست، ونون بوست، ومدونات الجزيرة.

أنواع المدونات الإلكترونية

- **المدونات الإلكترونية التي تحتوي على الروابط التشعبية (Link blogs)**

تُعد المدونات الإلكترونية التي تحتوي على الروابط التشعبية (web link blogs)، أول أنواع المدونات الإلكترونية التي تم نشرها على شبكة الإنترنت، ومن هنا جاء اسم المدونة الإلكترونية «weblog». ويحتوي هذا النوع من المدونات على العديد من الروابط لمواقع الإنترنت التي يرى صاحب المدونة أنها تستحق الزيارة، إضافة إلى وصف مختصر للموقع المشار إليه بالرابط.

- **المدونات الإلكترونية التي تحتوي على المذكرات اليومية (Online diary blogs)**

تتناول هذه المدونات الحياة اليومية لمالكها: ماذا فعل، وماذا دار في خلده في ذلك اليوم. ولا تحتوي هذه المدونات بالضرورة على روابط لمواقع إلكترونية أخرى.

- **المدونات الإلكترونية التي تحتوي على المقالات (Article blogs)**

يمكن أن يحتوي هذا النوع من المدونات على عرض وتعليقات على الأخبار والأحداث، وأخبار وتقارير. وهي عادة ما تكشف قدرًا أقل من الحياة اليومية لكاتبها، بالمقارنة مع المدونات الإلكترونية التي تحتوي على المذكرات.

- **المدونات الإلكترونية التي تحتوي على الصور (Photo blogs)**

يحتوي هذا النوع من المدونات على الصور، مثل «صورة اليوم» وغيرها.

- **المدونات الإلكترونية التي تحتوي على مقاطع بث إذاعي (Podcast blogs)**

يمكن اعتبار «مقاطع البث الإذاعي» (Podcasts) برامج إذاعية قصيرة مسجلة بواسطة صاحب المدونة، وبإمكان المستمع تحميلها عندما يريد الاستماع إليها، علمًا بأن المصطلح «Podcast» مأخوذ من أجهزة «iPod»، وهي عبارة عن مشغلات الملفات الصوتية بصيغة «mp3»، التي بإمكانها تشغيل ملفات «podcast».

- **المدونات الإلكترونية التي تحتوي على مقاطع بث مرئي (Video cast blogs)**

«مقاطع البث المرئي» (Video casts) هي أحدث اتجاه في أوساط المدونات الإلكترونية، وهي مماثلة لـ«مقاطع البث الإذاعي» (Podcasts)، غير أنها تعد بواسطة الفيديو.

- **المدونات الإلكترونية المنوعة**

تعد معظم المدونات الإلكترونية مزيجًا من أنواع المدونات المذكورة أعلاه.

- **المدونات الإلكترونية الجماعية**

تتم كتابة هذا النوع من المدونات بواسطة مجموعة من الأشخاص(١٧).

ويرى بعض الخبراء في الإعلام أن المدونين يمكن اعتبارهم إعلاميين أو صحفيين، ولكن من طراز جديد، تتناسب توجهاتهم مع أجواء شبكة الإنترنت، حيث الإلمام بتقنيات البحث، والحصول على المعلومة عبر الشبكة، وتقنيات التحرير والنشر الإلكتروني، إضافةً إلى مهارة استخدام الصورة الرقمية والتعامل معها، سواء تلك المتوافرة في الشبكة، أو تلك التي يتم إنتاجها شخصيًّا وتحميلها للمدونة، مع إلمام ببعض البرامج الخاصة بإنتاج الصور الرقمية.

ولعل من أبرز ميزات المدونات أنها مساحة مفتوحة للمدوِّنين، يعبرون فيها عن آرائهم بالشكل الذي يرغبون فيه ويرونه، من دون عوائق الرقابة الرسمية التي تفرضها الصحف والمواقع الإعلامية أو الرسمية، فلا يوجد رقيب أو ما يمنع المدوِّن من إبداء رأيه سوى الرقابة الذاتية التي تتفاوت من شخص إلى آخر، بحسب توجهاته وأفكاره، والبلد الذي يكتب منه.

ظهور المدونات وتطورها

بعد ظهور المدونات على شبكة الإنترنت وانتشارها بشكل

ملحوظ، لا سيما في العالم العربي، يمكن القول إن بعض مفاهيم ونظريات الإعلام قد تغيرت، إذ لم يعد الجمهور يرضى بأن يكون جمهورًا مُتلقيًا سلبيًّا، كما أسلفنا في موضع سابق من هذا الكتاب، ولم يعد القارئ يقبل أن يقرأ ويسمع ما ينتجه وينشره آخرون من دون إمكانية التفاعل معه بشكل ما. لقد تغير الواقع كثيرًا، وهو ما يتمثل في كثرة مصادر الإرسال، حيث تعد المصادر الإعلامية الحكومية أو بعض المصادر الخاصة هي الوحيدة على الساحة التي تنشر وترسل ما تريد وفق سياساتها وتوجهاتها، فتنوعت مصادر الإرسال، ما بين حكومية، وخاصة، وحزبية، وتجارية، وفردية أيضًا.

وقد تحول المدوِّنون إلى صنَّاع للرأي والتوجهات في المجتمع، بعد أن كانوا يتلقون الرسائل تلو الأخرى من المصادر الرسمية المعروفة، عبر الصحف الحكومية أو المدعومة، والتلفزة والإذاعة الرسميتين كذلك، تدعمها جميعًا وكالات أنباء رسمية. ولم يعد المواطن هو ذاك المُتلقي للرسائل الإعلامية من دون أن يؤثر فيها، أو يتحول هو نفسه إلى مرسل وغيره يستقبل. لقد عززت المدونات مفهوم «المواطن الصحفي»، ذلك أن أي مواطن يملك بعض المهارات في التحرير والتعامل مع الشبكة، ويكون صاحب فكر أو توجُّه ما، بإمكانه اليوم أن يتحول إلى مصدر إعلامي مستقل، يكتب وينشر وينتج الرسالة الإعلامية الواحدة بعد الأخرى.

تجربتي الشخصية في عالم التدوين فتحت آفاقًا جديدة في عالم الإعلام، فقبل عصر الإنترنت وظهور التدوين الإلكتروني، كان يوجد «حراس البوابة»، الذين يقومون بالرقابة على إنتاجات الصحف، بما

فيها مقالات الرأي، والموافقة على نشر ما يرونه صالحًا للنشر وفق سياسات رسمية معينة، ومنع ما يخالفها. وهؤلاء الحراس ما عاد لهم موقع في عالم الإنترنت والتدوين. وقد نشرت عبر مدونتي الشخصية بعض الآراء التي لم تكن تجد الموافقة على النشر في الصحف الرسمية، أو كانت عُرضة للتعديل. فكانت المدونة هي الموقع الذي أنشر فيه ما أريد، من دون رقابة عقل آخر على آرائي، سوى ضميري ورقابتي الذاتية، التي بالطبع لم تكن لتتصادم مع توجهات مجتمعية أو حكومية بشكل كبير، الأمر الذي أتاح لي مجالًا لتنويع مجالات الكتابة، وعدم تضييق المجال على نفسي والكتابة في موضوعات معينة بحسب سياسات الجهة التي أكتب لها.

إذن، يمكن القول مرة أخرى إن المدوِّن يصنع الرأي، ويصنع إعلامًا جديدًا غير مسبوق، على الأقل في عالمنا العربي، حيث أكثر الجمهور هو جمهور متلقٍّ للخبر والمعلومة والرأي. وبهذا المفهوم يمكن القول إن المدوِّنين هم صنَّاع جُدد للإعلام. وليس غريبًا أن تتحول المدونات إلى مواقع للرصد من قِبل الحكومات في العالم المتقدم، كما في الولايات المتحدة وأوروبا، والرصد هنا ليس رصدًا لأمور سلبية كما هو الشائع، بل هو ذاك الرصد الذي يهدف إلى التعرف على توجهات الرأي العام.

وتعد المدونات من أهم المواقع التي تهتم بها الحكومات، فتتابعها وتراقب كل ما يُكتب فيها، خصوصًا أن غالبية المدوِّنين يمكن اعتبارهم في صفوف المعارضة بصورة أو بأخرى. فلا أظنك تجد مدوِّنًا يكتب وفق رغبات الحكومة، لأن المجال إلى ذلك

مفتوح وسهل عبر صحفها ووسائلها الإعلامية، ولا يلجأ المدوِّن إلى الإنترنت، وينشئ مدونة خاصة به، إلا رغبة في أن يكون له صوته المسموع ورأيه الخاص الذي لا يمكن أن يُنشر بالشكل الذي يرغب فيه عبر وسائل الإعلام الرسمية. لقد عملت المدونات على كسر حاجز نفسي امتد طويلًا في أمكنة عديدة حول العالم، وهو حاجز الخوف من الجهات الرسمية، أو الجهات المجتمعية المختلفة. كما عملت على فتح الباب واسعًا أمام التعبير عن الرأي، بأي صورة يرغب فيها المدوِّن، حتى لو اضطر للكتابة باسم مستعار لحين من الوقت، لأنه غالبًا لا يهدف إلى النشر رغبة في شهرة ونجومية، بقدر الرغبة في إيصال صوته ورأيه إلى جهات معينة، وقد دعته ظروف ما إلى إبداء رأيه عبر مدونته.

مثلما ألغت الإنترنت الحواجز الجغرافية، فكذلك فعلت المدونات، حيث ألغت حواجز الزمان والجغرافيا، وفي الطريق أيضًا ألغت قيود اللوائح والقوانين المتعددة، فلم يعد هناك ضابط ولا متحكم فيما يكتبه المدوِّن، إلا ما يمليه عليه دينه وضميره وأخلاقياته وأمانته. وعلى الرغم من أن فكرة المدونات بدأت غربية، بحكم الأسبقية في دخول المجال الرقمي، فإنها لاقت رواجًا واسعًا في العالم العربي أيضًا، لأن موانع وقيود إبداء الرأي كثيرة، ولا مجال لذلك عبر الوسائل الإعلامية المتاحة، وبالصورة المأمولة، فراقت لكثيرين فكرة المدونات، التي فتحت آفاقًا كثيرة، ومجالات للتنفيس والإبداع كذلك.

تُعد المدونات الإلكترونية في حقيقة الأمر، واحدة من

أسرع أدوات وتطبيقات الجيل الثاني من الإنترنت، أو ما يُعرف بـ«Web2»، نموًّا وانتشارًا، وأشدها أثرًا على المستخدم. فبمساعدة التطبيقات الجديدة المصاحبة لهذه الشبكة، المتسمة بالتطبيقات التفاعلية والتعاونية والذكية، وأيضًا المُشخصنة، كالموسوعات الإلكترونية «Wiki»، والشبكات الاجتماعية «Facebook»، والقوائم الاجتماعية المفضلة «Flicker»، والإذاعات الشبكية «Podcasting»، والملقمات «RSS»، والأبعاد المجسمة «Second Life»، والكثير من التطبيقات الأخرى، أصبح المستخدم يعيش في فضاء رقمي كبير ورحب، يساعده بقوة في الاتصال والاندماج مع المحيطين به، سواء في مجتمعه المحلي الصغير، أو في مجتمعه العالمي الكبير، ويساعده أيضًا بقوة، في الاطلاع على ما يشاء من كثير من المصادر الحرة والمفتوحة (Open Sources)، التي تحمل المتعدد والمتنوع والمختلف من المعلومات، على جميع أشكالها وصورها ولغاتها. وطبقًا لما ذهب إليه «Huffaker» ٢٠٠٤، ستستمر شبكة الإنترنت في إنجاب تكنولوجيات وتطبيقات جديدة، ليست فقط لإيفاء الحاجات والمتطلبات الفردية، وإنما أيضًا للحم المجتمع والعمل على تطويره(١٨).

الفصل الرابع
التحول إلى الرقمية

لاحظت الصحف، التي دخلت عالم الرقمية مبكرًا، أن جمهورها بدأ يتسرب رويدًا رويدًا إلى عالم الإنترنت، على الرغم من وجودها على الشبكة، وتوفر مواقعها الإلكترونية. لقد بدأ هذا الجمهور في البحث عن مصادر أخرى موجودة أيضًا على الشبكة، ولكن تمتاز بتقديم المواد بشكل أكثر سهولة ومرونة وتجددًا. فبدأت إدارات تلك الصحف تعي أهمية دعم الأقسام المسؤولة عن النسخة الإلكترونية لها، فنشأت إدارات خاصة تُعنى بشؤون التحرير، كما هو الوضع في النسخة الورقية، ولكن تتميز بمرونتها في تعديل المواد الصحفية عدة مرات، بحسب تطور الحدث، وإضافة الكثير من التشويق إليها عبر الصورة والفلم. ولكن مع ذلك ما زالت لا تقنع القارئ الإلكتروني، إن صح التعبير، أو الجمهور الفوري الذي سنتحدث عنه لاحقًا.

وقد ذهبت واحدة من كبريات المجلات في العالم، وهي «نيوزويك» (Newsweek) الأمريكية الأسبوعية، إلى الإعلان عن إنهاء فترة النسخة الورقية، والتحول الكامل إلى الرقمية، وأسدلت الستار على ٨٠ عامًا من تاريخها، كمجلة مطبوعة، حيث أصدرت عدد الوداع في اليوم الأخير من ديسمبر ٢٠١٢، وكانت تتصدره

صورة احتلت صفحة الغلاف بالكامل، باللونين الأبيض والأسود، لمبنى مقر المجلة السابق في مانهاتن، مع عبارة «Last Print Issue» (العدد الأخير المطبوع). وقد لوحظ في عنوان الغلاف الأخير وجود الرمز «#» أو «الهاشتاغ»، في إشارة منها إلى التحول إلى عصر جديد من النشر عبر العالم الرقمي. وأعلنت المجلة قرارها قبل شهرين من ذلك بالتخلي عن النسخة الورقية، بعد تقارير حول خسائر تتعرض لها المجلة تُقدر بملايين الدولارات سنويًّا، بسبب انخفاض التوزيع بمقدار النصف، ليصل إلى مليون ونصف المليون من النسخ، وتراجع مساحة الإعلانات بنسبة زادت على ٨٠٪. وبدأت المجلة عصرها الرقمي تحت اسم «نيوزويك غلوبال»، لتصدر نسخة موحدة على مستوى العالم تستهدف متصفحي الإنترنت، عبر الوسائل الرقمية المختلفة.

وقد ساهم في ازدهار الإعلام الرقمي، انتشار الأجهزة اللوحية المخصصة لقراءة الكتب الإلكترونية، مثل: «آيباد» و«كيندل» من شركة أمازون، التي غزت نمط الحياة اليومية للملايين، إضافةً إلى التطبيقات المطورة خصيصًا لقراءة الكتب الإلكترونية. واحتل تطبيق مجلة «نيوزويك»، على «آيباد» بمتجر «أبل» للتطبيقات، المركز ٤٥ لأكثر التطبيقات المجانية شعبية، بعد عام ونيف من توقف نسختها الورقية، الأمر الذي يُشكل أساسًا قويًّا لانتقال المطبوعة إلى العالم الرقمي، ومحاولة التعافي من ديون وصلت إلى ٤٠ مليون دولار سنويًّا، على الرغم من اندماجها مع موقع «ذا ديلي بيست» في ٢٠١٠.

لكن المجلة تراجعت عن قرارها التاريخي، وقامت بإعادة

إصدار النسخة الورقية، بمعية الرقمية، وقررت لضمان تحقيق ربحية، تسعير النسخة المطبوعة بـ٩ دولارات للنسخة الواحدة في الولايات المتحدة، ودولارين للنسخة الرقمية! ولا أدري فلسفتها في ذلك القرار، لكنها مستمرة منذ بدايات عام ٢٠١٤ وحتى الآن، في إصدار النسختين، الورقية والرقمية. لكن ما يهمنا في قرارها الأول هو التحول إلى الرقمية التامة، وهو ما ستقوم به مرة أخرى، ولو بعد حين، مثل غيرها من الصحف الورقية، التي ستقوم أيضًا بالفعل نفسه، والتحول التام إلى الرقمية، لأن عاملَي التكلفة والربح سيفرضان نفسيهما بقوة، إضافة إلى عاملين أساسيين ساهما في التحول الرقمي، الذي نهجته «نيوزويك»، أولهما: تدني العائدات الإعلانية، نتيجة لتحول جمهور القراء إلى الإنترنت ولحاق المعلنين بهم، وثانيهما: عجز المجلة عن تقديم محتوى أسبوعي تحليلي متميز عن الأخبار التقليدية التي أصبح القارئ يجدها على الإنترنت في ثوانٍ معدودة من دون الحاجة إلى انتظار مجلة مطبوعة بشكل أسبوعي. وهذا يفيد بأن المد الرقمي سيستمر في الزحف إلى كل المطبوعات الورقية، التي لا تراعي تقديم محتويات تحليلية معمقة تستهوي متابعي الصحافة المطبوعة، خصوصًا مع استمرار اتجاه القراء نحو المادة الرقمية[١٩].

لم تقتصر الأزمة على الولايات المتحدة، ففي بريطانيا تم إغلاق صحيفة «ذي لندن بيبَر» (The London Paper)، بعد الإعلان عن إغلاق أكثر من مائة صحيفة محلية، لفشلها في التكيُّف مع ظروف المنافسة الحادة مع الإعلام الإلكتروني. ويبدو أن صحيفة «الغارديان»

اليومية، واسعة الانتشار، على وشك إيقاف القطاع المطبوع من الصحيفة، وملحقها الأسبوعي «الأوبزيرفر»، نظرًا لتكبد هذا القطاع خسارة تقدر بحوالي ٤٤ مليون دولار سنويًا. وقد رضخت ثلاث صحف تقليدية كبرى في لندن إلى اعتماد مقاسات أصغر لصحفها، تنافسًا مع باقي الصحف الأخرى، التي اعتمدت مقاسًا أقرب إلى مقاسات صحف التابلويد النصفية. كما اضطرت هذه الصحف إلى أن تعيد النظر في تبويباتها الصحفية، لتواكب احتياجات سوق الجمهور من القراء. وفي فرنسا توقفت جريدة «فرانس سوار» عن الصدور منذ نوفمبر ٢٠١١، واكتفت بنسخة على الويب، وكانت إلى عهد قريب مؤسسة إعلامية مرموقة، عملت فيها مجموعة كبيرة من الإعلاميين على مستوى العالم.

لا شك أن أزمة الطباعة والنشر شاملة، ولا تقتصر على نوع محدد من المطبوعات الدورية، فقد اضطرت أشهر موسوعة عالمية، وهي «الموسوعة البريطانية»، إلى التوقف عن نشر نسختها المطبوعة، والاقتصار على نسختها الإلكترونية. كما تراجعت أرقام مبيعات الكتب الورقية، في حين أن الكتب الإلكترونية تلقى رواجًا كبيرًا، وهذا يدل على التحول السريع والواسع من النشر الورقي إلى النشر الإلكتروني. وقد اتخذ هذا التحول أشكالًا عديدة، فهناك صحف إلكترونية تعد نسخة كاملة موازية لطبعاتها الورقية، وأخرى يقتصر النشر الإلكتروني فيها على أجزاء مختارة من المحتوى، ولكن معظم الصحف الإلكترونية ليس لها نسخ ورقية رديفة، وتقتصر على النشر الإلكتروني فحسب.

ويرى الملياردير «روبرت ميردوخ»، الذي يملك أكبر إمبراطورية إعلامية في العالم، أن كثيرًا من الصحف الحالية في المملكة المتحدة ستتلاشى في القريب العاجل، ولن تتحمل سوق الصحف أكثر من صحيفة واحدة، في كل سوق صحفية. وقد بينت الإحصائيات والاستبيانات الأخيرة صحة ما ذهب إليه «ميردوخ»[٢٠].

كان انحسار الصحف الورقية في مقابل الرقمية قد بدأ في السنوات الأربع الماضية، بزيادة عدد الزائرين للإلكترونية، واعتمادهم عليها في التعرف على الأحداث اللحظية، التي تقع ليس في مناطقهم فحسب، وإنما في مختلف دول العالم، وبأقل التكاليف. ونتيجة لذلك أعلنت، على سبيل المثال، صحيفة «كريستيان ساينس مونيتور» عن إيقاف نسختها الورقية نهائيًّا، بعد انخفاضها إلى ٢٠٠ ألف نسخة، والاكتفاء بنسختها الإلكترونية التي يتجاوز زوارها المليون قارئ. أما صحيفة «اللوموند الفرنسية» فوصلت إلى حافة الإفلاس، ووصلت ديونها إلى ١٥٠ مليون يورو عام ٢٠١٢، في حين تحقق نسختها الإلكترونية نجاحات متواصلة بين الشعوب الناطقة بالفرنسية. وقد أدى هذا الازدياد المطَّرد في الاعتماد على الصحافة الإلكترونية، واتساع قاعدتها الجماهيرية، إلى تنوع أشكالها ووسائلها، وظهور الكثير من المؤشرات الإيجابية الدالة على تنامي قوتها وتأثيرها مستقبلًا، حتى باتت الصحافة الإلكترونية إحدى القنوات الفاعلة في حياتنا اليومية، التي لا يمكن الاستغناء عنها. وهذا الانحسار التدريجي للصحف الورقية مقابل الإلكترونية جعل الكثيرين يتكهَّنون باختفاء الصحافة الورقية، ربما بعد أعوام قليلة،

وتباينت التقديرات في تحديدها على وجه الدقة. وقد يكون من المنطقي جدًّا تغلب الصحافة الإلكترونية والإعلام الإلكتروني، بشكل عام في وقت قريب، تماشيًا مع واقع العصر الذي نعيشه، ومستقبل الأجيال القادمة التي ستكون بالطبع أكثر استيعابًا واعتمادًا وتأهيلًا لذلك[٢١].

لا أقول باختفاء الصحف الورقية، ولا أميل إلى هذا الرأي، ولكن لا أجد شكًّا أو ريبًا في أن أهميتها ستقل تدريجيًّا، حتى تتحول إلى أشبه ما يكون بالراديو حين ظهر التلفزيون، أو التلفزيون حين ظهرت الإنترنت، وهكذا. والمشاهد التاريخية السابقة في مجال الإعلام، لم تعرف اختفاء وسيلة إعلامية ظهرت، لكن مع ظهور الوسيلة الجديدة، تذهب القديمة إلى الهامش، وإن كانت على قيد الحياة. وهذا هو المتوقع للصحافة الورقية بعد سنوات قليلة مقبلة.

مميزات الصحافة الرقمية

ستتحدث ضمن هذا السياق، عن أهم ما يميز الصحف الرقمية عن الورقية، حتى تكون الصورة مكتملة، قبل الخوض في الحديث عن الصحافة القطرية، وأهمية التحول التدريجي إلى صحافة رقمية قبل أن يفوتها القطار. وأهم مميزات الصحافة الرقمية هي:

- **الخاصية التفاعلية**

حيث يتمكن المتلقي من التفاعل والتواصل مع المرسل، بشكل سريع، على عكس ما كان يحدث مع الصحيفة الورقية. ولعل هذه الميزة هي الأبرز للصحيفة الرقمية، بل لعلها العامل الأكثر جذبًا

للقارئ للتوجه نحو الصحف الرقمية. فاليوم أصبح مفهوم التفاعلية يتمثل في الدور الذي حوَّل المتلقي للرسالة الإعلامية إلى فاعل، أو منتج للرسالة أيضًا، فلم يعد دوره يقتصر في التفاعل على دائرة «رجع الصدى» (Feed Back)، من خلال الاكتفاء بالتعليق على الموضوعات المنشورة على المواقع الإلكترونية فحسب، بل تخطى ذاك الدور ليصبح له دور مهم في الممارسة الإعلامية المطلقة عبر أدوات الإنترنت الجديدة، بل التحكم فيما يتعرض له من معلومات، أحيانًا كثيرة. وفي الوقت نفسه بث المحتوى، أو إعادة إرساله لمن يريد، من دون قيد أو شرط. واليوم تقوم كثير من المواقع الإخبارية الإلكترونية بتجريب أساليب مختلفة لقنوات رد الفعل، مثل: الرسائل الإلكترونية للمسؤولين في الموقع، وغرف الدردشة الحية، وندوات النقاش، والأسئلة الموجهة إلى الخبراء والمختصين، وغيرها من وسائل التفاعل المباشر مع المتلقين.

- **السرعة أو الآنية**

إن السرعة في نشر أو تلقي الأخبار، واحدة من مميزات الرقمية، حيث الإمكانية الكبيرة في عرض أدلة حية على الخبر، كمقطع صوتي أو مرئي، الأمر الذي يزيد من مصداقية الصحيفة الرقمية. في حين أن مثل هذا الخبر تنشره الصحيفة الورقية، بعد ساعات، أو في اليوم التالي، وقد أصبح في عداد الأخبار المحروقة، كما يسميها الصحفيون.

وقد قللت الصحف الرقمية أو الإلكترونية الفجوة الهائلة، بين الصحف اليومية والفضائيات، فمنذ أن ظهرت الفضائيات وهي تتسيد

عالم الأخبار، بسبب سرعة نقلها للأحداث، فيما تبقى الصحف اليومية تنظر بحسرة في الأحداث، وتنتظر لتنشر ما احترق من أخبار في اليوم التالي! ومن الطبيعي أن هذا التأخير في النشر يُفقد الخبر كثيرًا من قيمته، ولا يجد القارئ الفوري، إن صح التعبير، ما يشده للأخبار المنشورة في الصحف الورقية، بعد أن يكون قد شاهد الحدث بتفاصيله، وتحليلاته أيضًا، على القنوات الفضائية. لكن ظهور المواقع الإخبارية والصحف الرقمية على شبكة الإنترنت، دفع بهذا القارئ أن يتجه إليها، ويترك أيضًا الفضائيات، على الرغم من سرعة نقلها للخبر، بل صارت الفضائيات هي من تنقل عن مواقع الصحف الرقمية اليوم، في مشهد يدل على الأثر المتعاظم لهذه الصحف في كسب قراء جدد، كل يوم، بل كل ساعة.

- **الحيوية**

تتميز الصحف الرقمية بأنها صحف حيوية، وهي ميزة مفقودة بلا شك عند الصحف الورقية المطبوعة. ففي إمكان الصحيفة الرقمية، مثلًا، إضافة وحذف وتغيير الأخبار، بحسب التحولات والتطورات على الأخبار في كل لحظة، على عكس ما هو حاصل مع الصحافة الورقية، التي ما إن تخرج من المطابع، حتى تكون قد دخلت مرحلة التجميد، الذي لا ذوبان بعده، حيث لا مجال لتغيير من حذف أو إضافة، إلا بعد مرور يوم كامل! فيما النسخ الإلكترونية لتلك الصحف، أو الرقمية أساسًا، غير مقيدة بحدود الزمان، والمكان أيضًا، والعاملون فيها بإمكانهم التعديل على الموضوعات من أي موقع يكونون فيه، من دون الحاجة إلى الذهاب إلى مقر

الصحيفة لعمل التعديلات، إضافةً إلى أنهم يمتلكون إمكانيات كبيرة خاصة بشؤون التحرير، أكثر بكثير من تلك الممنوحة للقائمين على الصحف الورقية، من حيث حرية الحركة والتغيير والتعديل، ومتابعة الأحداث أولًا بأول، سواء بالكلمة أو بالصوت والصورة، وهو أمر لا يستطيع العاملون بالصحف الورقية القيام به.

إضافة إلى ما سبق فإن الصحف الإلكترونية والرقمية تجاوزت عراقيل الرقيب، حيث يوفر هذا النوع من النشر الإلكتروني إمكانيات جديدة من الحركة، تجاوزت أساليب الرقابة القبلية المتعارف عليها، التي تحد من الإبداع لدى الصحفي. ولا شك أن مثل هذه النوعية من الصحف التي تتمتع بقدر كبير من الحرية في النشر، ما زالت تعجز عنه الصحف الورقية في عديد من الأماكن الخاضعة لرقابة ما قبل النشر، هي صحف مغرية جدًّا للعمل فيها أو التعاون معها، وهذا ما يؤدي أيضًا لازدياد عدد المتابعين والقراء.

- **الأرشيف الإلكتروني**

يأتي الأرشيف الإلكتروني ضمن مميزات الصحف الرقمية، حيث يعتبره أي زائر لصحيفة رقمية من الثروات أو الكنوز التي لا تُقدر بثمن، وربما يرجع ذلك إلى سهولة الحصول على معلومات سابقة مع كل روابطها، سواء كان صوتًا، أو مشهدًا تلفزيونيًّا.

- **قلة التكاليف**

تتميز الصحيفة الرقمية باقتصاديتها وقلة المصروفات، على عكس الورقية التي تحتاج إلى الورق، والأحبار، ووسائل النقل، وغيرها من التكاليف، في حين يختلف الأمر مع الصحيفة الإلكترونية

أو الرقمية، التي لا تحتاج إلى كل ما ذكرناه، وكذلك القارئ لها لا يحتاج إلى الدفع اليومي لشراء الصحيفة، بل كل ما يحتاج إليه هو جهاز حاسب، قد يشتريه ويستمر معه لسنوات من دون تكاليف تُذكر.

- **سهولة التواصل**

من مميزات الصحيفة الرقمية أيضًا، سرعة وسهولة إرسال أو استقبال المحتويات، كالأخبار أو اللقاءات، وغيرها من المواد على شبكة الإنترنت. ففي دقائق يمكنك إرسال معلومات إلى أي بقعة من العالم، وفي دقائق أخرى تجد التفاعل مع ما أرسلت، على عكس الصحيفة الورقية التي تحتاج إلى أيام لتحقيق النتيجة نفسها أو الأثر نفسه.

- **سهولة التجهيزات والإجراءات**

من المميزات الأخرى للصحف الرقمية، عدم حاجتها إلى المبالغ الطائلة من أجل تجهيزات المقر وغيره، على غرار ما يحدث مع الصحف الورقية، فالصحيفة الرقمية بإمكانها أن تصدر بشكل دوري، وكامل فريقها ينتشر في أرجاء المعمورة، وقد لا يجمع أفرادَه سوى برنامج فيديو، إن لزم الأمر، مثل برنامج «سكايب» وغيره، أو برامج الحوارات المباشرة، بحيث يرسل كل محرر ما لديه من أخبار ومواد للنشر، إلى أشخاص معدودين يقومون بدورهم بتجهيز المواد المختلفة، بصورها وأفلامها وغيرها، للنشر في الموقع، وتصدر الصحيفة في وقتها، وكأنما صدرت من موقع به المئات من العاملين.

- **خدمات الاستطلاعات**

تتميز الصحافة الرقمية باحتوائها على خدمات استطلاعات

الرأي والاستفتاءات، والاطلاع على النتائج بشكل فوري، مما يساعد على تشكيل وعي، أو توجه معين في المجتمع، وهي بلا شك خدمات تعطي مساحة كبيرة للقارئ، لإبداء رأيه في كثير من القضايا، من دون قلق أو خشية، وتكون الصحف الرقمية بذلك قد كسرت حاجز الخوف من الرقابة.

- **سهولة الإعلان في الرقمية ومتابعته**

لا تجد الشركات التجارية، أو المعلنون بشكل عام، في الصحف الرقمية تلك الصعوبات التي يواجهونها في الصحف الورقية المطبوعة، خصوصًا فيما يتعلق بالحصول على الأرقام الحقيقية للتوزيع الفعلي للمطبوعة، سواء أكانت صحيفة يومية أم مجلة أسبوعية، حيث المعروف عن الصحف الورقية أنها تعلن عن أرقام النسخ المطبوعة للمعلن، وليس عدد النسخ المبيعة، أو الموزعة، وكثير من تلك الصحف لا تمانع في أن يكون عدد النسخ المطبوعة كبيرًا، وإن كان رقم المرتجعات منها كبيرًا أيضًا، لأن ما يمكن الحصول عليه من الإعلانات يغطي خسائرها من النسخ المرتجعة.

هذا الأمر لا يمكن أن يحدث مع الصحف الإلكترونية، بسبب إمكانية معرفة عدد زوار موقع الصحيفة، من خلال برامج كثيرة، تمكن المعلن من أن يقوم بنفسه بمتابعة الأمر، من دون الاعتماد على تقارير الصحيفة الإلكترونية، وهذا يعطيها الكثير من المصداقية. ومثل هذه المعلومات ذات قيمة كبيرة للمعلن، إذ يمكنه، بناءً على نتائج البرامج التي تحصي عدد زوار أي صحيفة، أن يختار الصحيفة الإلكترونية الأكثر شعبية وارتيادًا من قبل جمهور الإنترنت.

الصحفي المواطن

ساعدت الصحف الرقمية على ظهور ما يمكن تسميته بصحافة المواطن، أو الصحفي المواطن. وعلى الرغم من أنه مفهوم قديم لكنه متجدد، حيث ظهر مع بروز شبكة الإنترنت، وأصبح جليًّا وواضحًا وقويًّا، ويملك كل الأدوات اللازمة للبدء في الإنتاج والنشر الفوري. فقد أصبح المواطن الصحفي لا يحتاج في أداء المهمة الصحفية إلا إلى كاميرا رقمية، وبعض الإلمام بقواعد اللغة والتعبير، وبعض من الروح الصحفية المتطلعة دومًا إلى الجديد والمثير، مع الاحتفاظ بالصدقية بكل تأكيد. وقد أصبح الآن بمقدور أي مواطن أن يعمل في الصحافة، ليس شرطًا الصحافة الورقية، لأن العوائق هناك ما زالت كثيرة ومنيعة، لكن الإنترنت وفرت ميدانًا رحبًا لممارسة الصحافة بتلقائية، مع ضمان توافر جمهور كبير يفوق بعشرات المرات قراء أي صحيفة ورقية.

وقد أحدثت شبكات التواصل الاجتماعي مثل: فيسبوك، وتويتر، وغيرهما، نقلات نوعية لمفهوم الاتصال والإعلام. وصارت تطبيقات الإنترنت المختلفة تتيح للمواطن العادي أن يكتب ما يشاء وقتما يشاء، ليتحول المواطن المتلقي إلى إعلامي ومصدر للخبر. وما يثير الانتباه حقًّا، تسارع انتشار ظاهرة صحافة المواطن، عربيًّا وعالميًّا، مما يؤكد نشوء دولة صحافة المواطن، وظهور المدونات والمواقع بشكل لافت للنظر، وتأثيرها الواضح في الحياة الإعلامية. ولنا أن نتصور، على سبيل المثال لا الحصر، أن الموقع الإخباري الإلكتروني «أوهماي نيوز» (www.ohmynews.com)، الذي بدأ

انطلاقته في عام ٢٠٠٠ في كوريا الجنوبية، يعتمد على إلغاء وظيفة المحررين والصحفيين، ليكون القراء هم من يحررون الأخبار ويرسلون المقالات، وهم من يقرؤونها ويقيمونها. وهناك ما يقرب من ٦٠ ألف مواطن مراسل، تتراوح أعمارهم ما بين عشرة أعوام وثمانين عامًا، يسهمون في الكتابة، وتزويد الموقع بالأخبار، وهناك ما لا يقل عن ١٠٠ ألف شخص في كوريا الجنوبية، يقرؤون ما في الموقع في أي وقت من اليوم. ويعترف كبار التنفيذيين الإعلاميين بالتغيير الكبير، الذي تحدثه صحافة المواطنين على طبيعة العمل التقليدي للمؤسسات الإعلامية، فقد ذكر «كونر» و«شيشتر» (Conor & Schechter)، مؤسسا إحدى الشركات الإعلامية (Global vision)، أنه لسنوات وعقود كان الصحفيون هم الذين يُمْلون ما ينشر على الجمهور، من موضوعات وقضايا، ولكن مع الاتجاهات الجديدة لم يعد هذا المفهوم سائدًا، حيث أصبح المواطن العادي يأخذ دورًا جديدًا ليقول كلمته ويعبر عن رأيه.

لقد انتقلت القوة الإعلامية إلى أيادٍ جديدة، هي أيادي المواطنين الذين يمتلكون إمكانية الاتصال عبر الإنترنت. ويرى «كونر» و«شيشتر» أنه من الأفضل لوسائل الإعلام التقليدية، ألا تعادي مثل هذه المواقع، بل تحاول أن تدمجها في أهدافها الإعلامية. ويجب أن تتخلى وسائل الإعلام عن مفهوم السيطرة الكاملة على الإعلام والمعلومات، حتى لا تفقد السيطرة على هذا المجال. وفي محاولات جادة من قبل بعض المؤسسات الإعلامية، لاستثمار مثل هذه الوسائل الإعلامية الجديدة (صحافة المواطن)، سعت

بعض هذه المؤسسات إلى إدماج جهود المواطنين، الذين يمتلكون مواقع وخدمات إخبارية وإعلامية، ضمن عمل وبرامج المؤسسات الإعلامية التقليدية[٢٢].

سوق الإعلان على الإنترنت

إن نموذج مجلة «نيوزويك» الأمريكية يصلح لأن يكون مؤشرًا على أهمية تدارك الصحف الورقية موقفها، قبل أن تجد نفسها وقد تكررت قصة المجلة معها. ولا شك أن سوق الإعلان على الإنترنت تتنامى بشكل سريع، وذلك لأن قناعات أصحاب المال والتجارة بدأت تميل، رويدًا رويدًا، نحو الإعلان على الشبكة، وتقليص نسب الوسائل الإعلامية الأخرى المعروفة، التي استحوذت على سوق الإعلان عقودًا طويلة.

يُقدَّر نمو الإعلان على الإنترنت، في منطقة الشرق الأوسط، بمعدل غير مسبوق يقارب ٣٧٪ سنويًا، وحسب التوقعات سيصل إلى ٢,٨ مليار دولار عند بدايات العام الحالي ٢٠١٧. وإذ تحاول المنطقة اللحاق بركب الأسواق العالمية، فإنه من الجلي أن هناك إمكانيات خارقة للنمو في هذا القطاع. وكما قال «عمر كريستيديس»، المؤسس والرئيس التنفيذي لـ«عرب نت»: «نعيش في عالم تُفقد فيه الأعمال التي لا تواكب وتيرة هذا النمو. إنه قانون البقاء للأسرع»[٢٣].

ويجدر بنا الحديث عن الإعلان الإلكتروني ومميزاته وأشكاله المتنوعة، ويمكن تعريفه بأنه ذاك الإعلان الذي يتم عبر الوسائل الإلكترونية المعروفة، كالإعلانات التلفزيونية الرقمية، أو على

الأقراص المدمجة التي يتم توزيعها بطرق مختلفة، وتأتي بالطبع في مقدمة تلك الوسائل شبكة الإنترنت. ويُعد الإعلان الإلكتروني إعلان العصر، بسبب تميزه بالمرونة، وقلة التكاليف، مقارنةً بما يتم الإنفاق عليه بالطرق التقليدية، وأعني الإعلانات الصحفية، أو التلفزيونية التي تذاع عبر المحطات التلفزيونية. ويتميز الإعلان الإلكتروني عبر شبكة الإنترنت بسرعة الانتشار، واتساع الرقعة الجغرافية للإعلان، وإمكانية توجيه الإعلان أو الرسالة الإعلامية، من خلاله، إلى شرائح مستهدفة، سواء حسب الجنس أو الجنسية أو الاهتمام أو غيرها. ويتميز كذلك باستخدام الوسائط المتعددة، كالأصوات والصور المتحركة ومقاطع الفيديو، الأمر الذي يجعل من الإعلان مادة ذات جاذبية وتأثير على الزائر، أكثر مما يمكن أن تؤثر بالطرق التقليدية، خصوصًا المطبوعة منها.

وقد يتساءل المراقب عن مستقبل الإعلانات الورقية، وهل هي إلى زوال قريب؟

قامت شركة «eMarketer»، المتخصصة في سوق الإعلان على الإنترنت، بنشر دراسة في ٢٠/٩/٢٠١٢ حول حجم الإعلان الإلكتروني في السوق الأمريكية، وجاء في الدراسة أن الشركات سوف تنفق في عام ٢٠١٢، على الإعلانات الإلكترونية، أكثر مما سوف تنفقه على الإعلانات المطبوعة في الصحف والمجلات، وذلك للمرة الأولى في الولايات المتحدة، التي تعد السوق الأولى في الإعلان على شبكة الإنترنت.

وأشارت إلى دراسة أجرتها شركة «IAB» (Interactive

(Advertising Bureau's) تقول إن «عائدات الإعلانات الإلكترونية على الشبكة وصلت، في عام ٢٠١١، إلى ٣١ مليار دولار، محققة قفزة بلغت ٢٢٪ عن عام ٢٠١٠، وأنه من المتوقع أن تصل مبيعات الإعلان على الإنترنت إلى ما يقدر بـ٣٩,٥ مليار دولار في عام ٢٠١٢، بزيادة قدرها ٢٣,٣٪ عن عام ٢٠١١، مقارنةً بـ٣٣,٨ مليار دولار بالنسبة إلى الإعلانات المطبوعة»[٢٤].

وتشير التوقعات إلى تسارع ملحوظ في حجم الإعلانات على الإنترنت، فالإعلانات الرقمية، عام ٢٠١٧، ستأخذ حصة تساوي ٤٠٪ من سوق الإعلان، بقيمة توقعية تصل إلى ٢٠٠ مليار دولار، ومرشحة للزيادة حتى تصل إلى ٢٩٩ مليار دولار بحلول عام ٢٠٢١[٢٥].

لكن تتضاءل الأرقام المذكورة آنفًا، بجانب ما هو حاصل في الولايات المتحدة، على سبيل المثال. وسنذكر الأرقام الأخرى بعد قليل، لنبين نموذجًا من التكلفة العالية التي تتكبدها الشركات التجارية، في سبيل إيصال رسائلها الإعلامية أو الدعائية إلى المستهلكين، وكيف يمكن لشبكة الإنترنت بعد قليل من السنوات أن تعمل على تخفيضها بشكل كبير. إذ مع بدء موسم البطولة السنوية لنهائيات كرة القدم الأمريكية «Super Bowl»، يترقب الأمريكيون نتائج أفضل فريق في اللعبة، إضافة إلى نتائج إعلانات الشركات، التي تتنافس لتقديم الإعلان التلفزيوني الأفضل ضمن البطولة، والذي يتكلف أكثر من ١٣٠ ألف دولار للثانية الواحدة. ولم تعد البطولة السنوية لنهائيات كرة القدم المحلية في أمريكا منافسة كروية لفوز

الفريق الأفضل فقط، بل هي منصة أو مهرجان للإعلان التلفزيوني الأفضل، حيث تخصص الشركات الميزانية الأكبر لإنفاقها على الإعلانات، والاستعداد للحدث الأكثر مشاهدة في أمريكا، حيث يطالع الشاشة أكثر من مائة مليون مشاهد. وقد أدرَّت البطولة ١٠ مليارات دولار على الاقتصاد الأمريكي عام ٢٠١١، على سبيل المثال، منها ٤ مليارات جاءت كعائد من الإعلانات التلفزيونية التي وصل سعر الثلاثين ثانية منها إلى ٣,٨ مليون دولار[٢٦]!

وهذا المثال ليس دليلًا على أن الإعلان التلفزيوني بخير، وفي قدرته الصمود طويلًا أمام شبكة الإنترنت التي بدأت تغري المعلنين أكثر فأكثر كلما تقدم الزمن. إن التكلفة الباهظة التي تتكبدها الشركات التجارية المعلنة لأجل ثلاثين ثانية، ولمرة واحدة فقط، حتى وإن كان العرض أمام مائة مليون مشاهد، أمر لن يستمر طويلًا، في وجود بديل قوي، يتعاظم دوره وأثره في العالم كله. وسيكون باستطاعة المعلنين، بعد حين قصير من الدهر، الترويج لمنتجاتهم بالجودة نفسها ليس لثلاثين ثانية فحسب، بل لأيام وأسابيع، وتصل إلى مئات الملايين من الناس، وبتكلفة تقل كثيرًا عما هي عليه الآن. في الولايات المتحدة نفسها، حيث بدأت وانطلقت شبكة الإنترنت، وحيث تعد من أكبر أسواق العالم في الإعلان، بدأت كثير من المؤسسات الصحفية في تقليص نفقاتها قدر المستطاع، لكي تستمر إلى أجل قصير، وعلى الرغم من التقليص في المصروفات، لم تتردد كبريات الصحف الأمريكية في الإعلان عن نفسها كمؤسسات صحفية للبيع!

ولا شك أن قيام بعض أهم الصحف الأمريكية بعرض نفسها للبيع، إنما هو مؤشر جديد يدل على الصعوبات التي تواجهها الصحافة الورقية للتكيف مع العصر الرقمي، الذي بدأ العالم يلاحظه ويحاول بكل الطرق التكيف معه، إذ لا سبيل سوى التكيف معه وليس التصدي له.

ولم تسلم صحيفة «وول ستريت جورنال» العريقة، أيضًا، والتي تصدر منذ أكثر من مائة عام، من هذا التيار الجارف، فقد تحولت من يومية إلى أسبوعية، ثم أخيرًا إلى صحيفة يومية ولكن رقمية، تنشر على الإنترنت، على الرغم من عراقتها التي لم تسعفها في البقاء بالشكل الورقي، واضطرت إلى التحول نحو الرقمية، وهناك صحف أمريكية وأوروبية أخرى تراجعت إلى حد الإفلاس.

ولو أخذنا عينة لتوضيح ما عليه سوق الإعلان الرقمي لعام واحد فقط، هو ٢٠١٢، فقد حصد عملاق الإنترنت «غوغل» أكثر من نصف العائدات التي أنفقها أصحاب الإعلانات في العالم سنة ٢٠١٢، على الإعلانات المخصصة للأجهزة المحمولة، حسب ما أعلنت شركة «إي ماركتر» المتخصصة. وجمعت «غوغل» عائدات بقيمة ٤,٦١ مليار دولار من عائدات سوق الإعلانات، فبلغت حصتها من السوق ٥٢,٣٦٪، تلتها شبكتا التواصل الاجتماعي «فيسبوك» (٥,٣٥٪ مع ٤٧٠ مليون دولار) و«تويتر» (١,٥٧٪ مع ١٤٠ مليون دولار)، والإذاعة الإلكترونية «باندورا» (٢,٧١٪ مع ٢٤٠ مليون دولار[٢٧]).

إن النمو الهائل والسريع لسوق الإعلان، على شبكة الإنترنت،

يزيد بشكل متسارع من الضغوط على الصحف التقليدية، وبقية الوسائل الإعلامية الأخرى مثل التلفزيون والإذاعة، فنسب الزيادة السنوية للإعلانات التجارية عبر شبكة الإنترنت مؤشر على أن سوق الإعلان في طريقها نحو الشبكة، كما كان الأمر مع بدايات ظهور الفضائيات بالمنطقة العربية، حيث سحبت تلك الفضائيات كميات كبيرة من الإعلانات التجارية من الصحف والتلفزيونات الرسمية، بشكل أثار مخاوف تلك الوسائل وقلقها.

ومن المؤشرات المهمة التي تفيد بأن شبكة الإنترنت سيكون لها النصيب الأوفر، من سوق الإعلان، من بين جميع الوسائل الإعلامية الأخرى، تزايد أعداد المبحرين خلالها بشكل ملحوظ، خصوصًا بين جيل الشباب الذي بدأ يدير ظهره كثيرًا لوسائل إعلامية، طالما استأثرت باهتمامه، كالتلفزيون مثلًا، وبعض الصحف اليومية، والمجلات الأسبوعية المتخصصة. وقد أفادت دراسة أعدتها «ديجيتال انسياتس»، شملت ٢٥٨٧ شخصًا من منطقة الشرق الأوسط وشمال أفريقيا، أغلبهم من الذكور دون الثلاثين وفي وظائف ذات مؤهلات، بأن مستخدمي الإنترنت في المنطقة العربية يمضون في تصفح الإنترنت ساعات أطول من مشاهدة التلفزيون، مما يدفع المحللين إلى توقع مستقبل واعد لسوق الإعلانات على الإنترنت. ويتوقع محللون أن تنقلب المعطيات قريبًا، مع إدارة شباب المنطقة ظهورهم للتلفزيون، وإقبالهم الكثيف على تصفح الإنترنت. وكشفت الدراسة أن ٨٨٪ من الخاضعين للدراسة يتصفحون الإنترنت يوميًّا، مقابل ٧٠٪ يشاهدون التلفزيون، كل أيام الأسبوع. وأقر ٢٥٪ فقط،

بأنهم يشاهدون التلفزيون لثلاث ساعات يومية، مقارنة بـ٥١٪ ممن شاركوا في الدراسة قالوا إنهم يتصفحون الإنترنت لأكثر من ثلاث ساعات يوميًّا. وتبين كذلك من خلال الدراسة أن الجيل الذي يمضي وقتًا طويلًا في تصفح الإنترنت ومواقع التواصل الاجتماعي، يبدي رغبة أقل في مشاهدة التلفزيون، فهو إن أراد المشاهدة يمكنه متابعة مواقع مثل «يوتيوب»، وهذا مؤشر على ارتفاع مستقبلي في حجم الإنفاق على الإعلان الرقمي. وهذا الارتفاع في حجم الوقت المستهلك في تصفح الإنترنت حسب الدراسة، قد يشجع على زيادة الإعلانات الرقمية[٢٨].

ليست الإعلانات فقط، هي التحدي الأكبر للصحف الورقية، بل إن بروز تقنيات رقمية للتصفح، وبأشكال وأساليب مذهلة ومشوقة، يمكن اعتبارها من التحديات التي تستطيع أن تساهم في دفع الصحافة الورقية دفعًا نحو الرقمية. فالأجهزة اللوحية، التي تسمح بقراءة الصحف عن طريق التحميل (Electronic Paper)، أو أجهزة «الآيباد»، من أبرز الأمثلة على ذلك. ومع تسارع ثورة المعلومات، ستعجز الصحف الورقية المطبوعة عن اللحاق بركب العصر الرقمي، ما لم تتخذ إجراءات سريعة تعينها على عدم التخلف كثيرًا في هذا المجال.

لا شك أن هذا النمو المتدرج والسريع لسوق الإعلان على شبكة الإنترنت له أسبابه، فالإعلان على الشبكة له مميزاته وفوائده، التي تجعل التاجر يبحث عن أفضل المواقع التي تعرض بضاعته بسهولة ويسر، ويطلع عليها أكبر عدد ممكن من المستهلكين،

فما بالك لو أضفنا إلى تلك الرغبات، قلة التكاليف. لا شك أن الأمر أصبح مغريًا لمزيد من المؤسسات والشركات التجارية، أن تتجه صوب شبكة الإنترنت، وتتخلى تدريجيًّا عن أسواقها القديمة التقليدية عبر التلفزيونات والصحف والمجلات. وهذا ما حدا ببعض الإعلاميين والمشتغلين في المجال الرقمي بالولايات المتحدة للقول إن توقعاتهم للصحف الورقية المطبوعة تشير إلى اختفاء نصفها في السنوات الخمس المقبلة، على الأقل بالنسبة للولايات المتحدة، ويتوقعون حدوث الأمر نفسه في أوروبا، ولكن خلال عشر سنوات.

مميزات الإعلان على شبكة الإنترنت

ربما تكون التكلفة هي المحور الأساسي في عملية الإعلان، فما الذي يدفع المعلن لترك سوق اعتاد عليها إلى أخرى جديدة، إن لم تكن التكلفة أحد أهم تلك الدوافع؟ وبكل تأكيد، تقل تكلفة إعلان الإنترنت عن الوسائل التقليدية بما لا يقل عن ٨٥٪، وذلك لتوافر البنية الأساسية للاتصالات، وتطور برامج المعلومات، ووجود مواقع عديدة يمكن عرض الإعلانات بها بأسعار زهيدة، كما أن توفير نفقات العمالة والطباعة والبريد، وغيرها من نفقات الوسائل التقليدية، يساعد على انخفاض التكلفة الإعلانية خصوصًا في شركات التكنولوجيا[٢٩].

ومن مميزات الإعلان على شبكة الإنترنت مراعاة مسألة الوقت، فالإعلان على الشبكة من شأنه توفير الكثير من الوقت لطرفَي التجارة: البائع، والمستهلك. فالمستهلك يجد مبتغاه من

السلع متاحًا ومتوفرًا طوال ساعات الليل والنهار، وبشكل واضح ويسير، مع إمكانية الحصول على تفاصيل البضاعة المراد شراؤها، إضافةً إلى سهولة الشراء عبر الدفع الإلكتروني الآمن.

ومن مميزات الإعلان الإلكتروني أيضًا، عالميته، فمع نشر الإعلان على أي موقع، يتحول إلى إعلان على مستوى العالم، ويستطيع أي زائر من أي موقع في العالم، رؤيته والتفاعل معه، والدخول في عملية الشراء بكل سهولة ويسر، فأين يمكن أن يحدث مثل هذا التفاعل العالمي، لو أن الإعلان اقتصر على منطقة جغرافية معينة، كما تفعل الإعلانات في الصحف المحلية؟

ومن المزايا الأخرى للإعلان على الشبكة، وجود عنصر التفاعلية مع إدارة الموقع، سواء بشكل مباشر لحظي، مع القائمين على الموقع وقت المعاينة، أو من خلال برمجة معينة، وهذه هي الأغلب والأكثر انتشارًا، بحيث يتجول المستهلك في موقع الجهة التجارية، ويعاين البضائع ويختار ما يريد، كما لو أنه يتجول في سوق كبيرة، ومعه عربة التسوق، يرمي فيها ما شاء من البضائع، ثم ينتهي به الأمر إلى خزينة الدفع، فهو يتبع إجراءات سهلة ميسرة، ليدفع قيمة مشترياته، ويقوم الموقع بإجراءات توصيل البضاعة إلى العنوان الذي يريده. كل تلك الإجراءات يتخذها المستهلك وهو مسترخٍ في بيته، لا يتعرض لضغوط من حوله، كزحمة الطرقات، وزحمة الناس في الشوارع والمحلات، واستهلاك الكثير من الوقت والجهد، من أجل شراء بضاعة معينة، إضافةً إلى مميزات أخرى كثيرة.

الفروقات بين الورقية والرقمية

كي تتضح الصورة أكثر، لنقف ونتعرف على أهم الفروقات بين الصحيفة الورقية المطبوعة، والأخرى المنافسة لها، التي تسمى بالصحيفة الرقمية. إذ تأتي مسألة التوقيت ضمن أهم الفروقات، حيث إن الأولى لها موعد محدد متعارف عليه، إما أن تصدر صباحًا، أو مسائية تصدر بعد وقت المغرب عادةً، وهناك صحف مطبوعة تكون أسبوعية على غرار صحف التابلويد مثلًا، بينما نجد أن الصحافة الرقمية لا وقت محددًا لها، فهي تصدر في أي وقت، بل يمكن القول إن عملية الإصدار مستمرة، والأمر مرتبط بتجدد الأخبار والحوادث والموضوعات. ولهذا تجد الصحف الرقمية تحرص على أن تكتب أعلى صفحتها على الموقع، توقيت آخر تحديث، ليكون الزائر على علم بحداثة الموضوعات المعروضة، وهذا واحد من العوامل التي تتنافس فيها الصحف الرقمية بين بعضها البعض.

والزائر الباحث عن الأحدث والأكثر إثارة من الأخبار والأحداث، لا بد أنه يتجه إلى الصحيفة التي تكون أخبارها وموضوعاتها هي الأحدث والأسرع، في النشر والتقديم. ولأن الصحف الرقمية لا تعتمد على جمهور موقع جغرافي معين، بل ترى العالم كله ميدانها، فهي تحدِّث أخبارها أولًا بأول، لتستحق أن يُطلق عليها بحق، صحيفة رقمية، وإلا لو اعتمدت على ما تقوم به الصحف المطبوعة، من تحديد مواقيت معينة، ولجمهور محدد بمنطقة معينة، فلن تختلف عن الورقية في شيء سوى بيئة العرض، وهي شبكة الإنترنت. والزائر اليوم يدرك مثل هذه الأمور بوضوح.

ولعل هذا من أسباب عدم الإقبال على مواقع الصحف الورقية، مهما تجملت وتزينت، فهي صور كربونية تُرفع إلى شبكة الإنترنت، كما أسلفنا، وليس أكثر.

لعل من المفيد أيضًا القول إن عدم التقيد بوقت محدد للنشر، يمكن اعتباره ميزة إضافية للصحف الرقمية، فهي بهذا تثبت حيويتها وتواصلها مع ما يحدث في العالم، وهذا مراد أي زائر يتصفح المواقع على شبكة الإنترنت.

والصحف الرقمية بهذا تلاحق الخبر وتفاصيله لحظة بلحظة، فيما المطبوعة تجمع الأخبار وتنتظر الأحدث فالأحدث، حتى قبيل ساعة الطبع، لكي تقلل من الفارق بينها وبين الرقمية، في مسألة التغطية الخبرية للحدث. ومع ذلك، فإن الوقت الذي تدخل فيه الورقية حيز الطباعة والنشر وحتى تصل إلى القارئ، تكون فيه الرقمية قد قامت بتحديث الخبر عدة مرات. ولك أن تتخيل الوقع النفسي على القارئ حين يجد في صحيفته الورقية خبرًا قد عرف عنه تفاصيل التفاصيل قبلها بساعات عديدة، فتجده يشاهد الصحيفة ولا يقرؤها، لشعوره بعدم جدوى إضاعة الوقت في قراءة ما هو أمامه في الصحيفة، ويكتفي بالمشاهدة فقط. فصورة الحدث قد اكتملت قبل أن يطالع صحيفته الورقية.

وتتميز الصحافة الرقمية عن الورقية في قدرتها الهائلة على دعم وتعزيز الخبر، بالصورة والصوت والمشهد المتحرك، والمتمثل في أفلام تلفزيونية قصيرة، في الوقت الذي لا تملك فيه الورقية سوى دعم خبرها بصورة، ليس أكثر. ولعل الصوت والصورة المتحركة

اليوم هما من أكثر ما يجذب الزوار ويُحدث التفاعل، حيث الشعور بالآنية واللحظية وحيوية الخبر، على عكس ما هو حاصل مع الصحف الورقية، حيث الجمود، مهما كانت الصورة الفوتوغرافية المرفقة مع الخبر قوية وحيوية. ولا يمكن منافسة من يقوم بإعداد خبر صحفي، وقد دمج فيه إمكانيات وقوة الصحيفة المكتوبة والراديو والتلفزيون معًا. ثلاث وسائل إعلامية مدموجة في وسيلة واحدة، لا شك أن لها من القوة والتأثير الشيء الكثير.

تتميز الصحيفة الرقمية أيضًا، بقدرتها على التشعب في الموضوع، أو ما يمكن تسميته بالعمق المعرفي، وذلك عبر إضافة روابط لموضوعات سابقة، أو ذات صلة بالخبر، إضافةً إلى عدم التقيد بمسألة المساحات، كما هي الحال مع الصحيفة الورقية، فيزداد بذلك وعي وإلمام القارئ بالخبر أو الحدث، من دون أن يؤثر ذلك على تركيزه، عكس الصحيفة الورقية، التي إن أرادت القيام بالأمر نفسه، فيعني هذا زيادة في عدد الصفحات، مما يعني جهدًا وعملًا إضافيًّا في التنفيذ والإخراج، وتكاليف زائدة في الورق والأحبار وغيرهما.

ومن واقع التجارب، تتميز الصحافة الرقمية بقوة التأثير في جماهير القراء. وهذا يعود إلى ديناميكيتها وقدرتها على التحديث المستمر، والتأثير عبر الصورة الصامتة، أو المتحركة، أو الصوت، وفتح مجالات التفاعل مع القراء بشكل لحظي، الأمر الذي يمكِّنها من تشكيل رأي أو آراء معينة وقناعات محددة، لدى جماهير المتابعين، وانتشار المادة الإعلامية سريعًا عبر وسائل التواصل

المتنوعة إلى الآلاف المؤلفة من الجماهير، وفي مواقع جغرافية عديدة، على عكس ما لدى الصحف الورقية التي تفتقد أهم عنصر من عناصر التأثير في الجماهير، والمتمثل في عنصر الوقت أو عنصر اللحظة. فقد تُثار قضية ما، وتتفاعل الجماهير معها بالأخذ والرد واتخاذ الإجراءات، والصحيفة الورقية بعدُ، تتابع الحدث، وربما ينتهي الحدث ويبرد ويتفرق الجميع، والصحيفة الورقية لم تُطبع بعدُ! فأي تأثير بعد ذلك تريد أن تحدثه الورقية في الجماهير؟

لا شك أن الصحافة الرقمية فهمت طبيعة شبكة الإنترنت وعالميتها، وبالتالي لم يعد لمفهوم الحواجز الجغرافية أي تأثير عليها، ونتيجة لذلك، لعبت الصحيفة الرقمية دورًا مهمًّا في إحداث التواصل الإنساني بين الشعوب، التي بدأت تعرف عن بعضها البعض أكثر من ذي قبل بمرات عديدة، وهذا ما جعل الرقمية تنطلق من جغرافية محدودة، ولعدد محدود من القراء، إلى عالمية واسعة، ولعدد غير محدود من القراء، الأمر الذي دفعها إلى أن تتميز أيضًا عن الورقية في أسلوب الكتابة والصياغات اللغوية، التي تميزت بالاختصار والدخول إلى الموضوع بشكل مباشر، دونما كثير من الأساليب البيانية والإنشائية المعروفة بها الصحف الورقية، اعتمادًا أو تقيدًا بالقوالب الفنية، التي اعتاد عليها محررو الصحف الورقية، في صياغة الأخبار والتقارير.

وقد قدمت الصحافة الرقمية خدمة، إن صح التعبير، مجانية. فالقارئ أصبح بإمكانه الحصول على ما يريد من أخبار ومعلومات، من دون أن يضطر إلى دفع مبلغ ما، مهما كان زهيدًا، كما هي الحال

الآن مع الصحف الورقية. وهذه ميزة تضاف إلى الرقمية، مهما بدت قيمة هذه الميزة متواضعة.

وتتميز الصحافة الرقمية، عن نظيرتها الورقية، بنوع من المرونة على صعيد الجمع بين عدة أشكال، أو أنواع، من الإنتاج الصحفي، كالنص المكتوب والمسموع والمرئي. وبهذا تجمع الصحافة الرقمية بين مختلف التقنيات المتوافرة في وسائل الإعلام التقليدية، أي أنها تقدم طبقًا إعلاميًّا يجمع بين الصحيفة والراديو والتلفزيون في آنٍ واحد.

كذلك من المميزات المهمة على الصعيد النفسي، التي لا بد من ذكرها، حينما نقارن بين الورقية والرقمية، أن الثانية عملت على كسر التعتيم الإعلامي، الذي كان مفروضًا على الشعوب، لا سيما الشعوب في العالم العربي، التي لم تكن لتسمع أو تقرأ غير ما تتم الموافقة عليه من الجهات الحاكمة أو المسيطرة على وسائل الإعلام المختلفة. والصحف الورقية كانت، ولا تزال، جزءًا مهمًّا يسير ضمن فلك الحكومات، أو ضمن المنظومة الحكومية في غالبية البلدان العربية، وإن بدت وقالت عكس ذلك. ومما تجدر الإشارة إليه في هذا المقام، تنامي عدد المواقع الصحفية أو الإخبارية في العالم العربي، حيث تستفيد تلك المواقع من التسهيلات المرتبطة بالنشر الإلكتروني مقارنة بتكاليف الطباعة على الورق، التي تتكلف الكثير. ولكن الملحوظ على المواقع العربية الصحفية، التي بدأت تنتشر، أنها صحافة تعبر في الأساس عن توجهات وأفكار متنوعة، وجدت الفضاء الإلكتروني ميدانًا لعرضها، بعد أن وجدت العراقيل على الأرض.

من الملاحظ أيضًا أن تلك المواقع الجديدة، أصبحت لديها المقدرة على أن تستقطب كُتَّابًا وأقلامًا جديدة من كل أرجاء العالم. فقد وجد كُتَّاب كُثر ضالتهم في هذه المواقع، يكتبون ما يشاؤون من دون قيود الرقابة المجتمعية، أو الأنظمة السياسية الحاكمة، وربما هذا مؤشر على أن هناك علاقة طردية بين الواقع، الذي يعيشه الإنسان العربي من مشكلات وصعوبات على جميع النواحي، والنمو المتسارع في إنشاء مواقع إلكترونية صحفية جديدة، لا تخضع إلى رقابات حكومية. وقد يُصدر البعض أحكامًا على تلك المواقع، ويصفها بمواقع المراهقة السياسية غير الناضجة، ولكني أعتبر تلك الأحكام متسرعة، وغير دقيقة، فلا يمكن للمراقب إصدار أحكام نهائية أو مطلقة، على تلك النوعية من الصحف الرقمية في العالم العربي، باعتبار أننا ما زلنا في بداية التعامل مع شبكة الإنترنت، على عكس ما عليه الغرب مثلًا، والأوضاع السياسية لم تتغير كثيرًا، الأمر الذي يدفع كثيرين إلى استثمار ما هو متاح ومتوفر عبر الشبكة، وهذا هو ما يجري الآن.

ما زالت التجربة العربية في مجال الصحافة الإلكترونية في البدايات، وبالتالي فهي مُعرضة لكثير من الأخطاء، ولكن مع ذلك لا يمكن الحكم على النوايا من الآن. وقد أدى النمو المتسارع لشبكة الإنترنت، إلى تشجيع الكثير من الناشرين العرب على التفكير في الدخول إلى عالم النشر الإلكتروني، ولهذا فإن معدل انتشار الكتاب الرقمي مثلًا يزداد سنويًا، وبالمثل في مجال الصحافة. وربما ما يدعو الناشرين أو المؤسسات الصحفية لزيادة النشر، هو ازدياد أعداد

القراء الذين ارتبطوا بالإنترنت. فقد أصبحت مطالعة الصحف العربية مثلًا، عادة يومية للكثيرين، إلى درجة أنه يمكننا القول بحدوث ما يشبه الإدمان على دخول الإنترنت يوميًّا لمعرفة الأخبار، ومتابعة الجديد في العالم، إضافةً إلى الروتين الإلكتروني اليومي، إن صح التعبير، من خلال جولة إلكترونية يومية، عبر مواقع البريد الإلكتروني والتواصل الاجتماعي المتعددة.

وفي استطلاع سنوي متخصص بسوق التكنولوجيا قامت به «يوروكوم وورلد وايد» (Eurocom Worldwide)، إحدى أبرز الشبكات الدولية العاملة في مجال استشارات العلاقات العامة، تبين أن ٧٨٪ من المديرين التنفيذيين العاملين في شركات التكنولوجيا، لا تزال شبكة الإنترنت الوسيلة الأولى لهم لمتابعة الأخبار حول العالم، لا سيما التقنية، تليها كل من المجلات المتخصصة المطبوعة بنسبة ٤٢٪، ثم الصحف المحلية بـ٣٨٪، وأن ٧٠٪ منهم يقرؤون المجلات المطبوعة مرةً على الأقل كل شهر، وحوالي ٤٠٪ يقرؤونها مرة واحدة أسبوعيًّا.

ووجدت الدراسة، التي استطلعت آراء كبار المديرين التنفيذيين في ٦٦٤ شركة تكنولوجيا في جميع أنحاء العالم، بما فيها العالم العربي، حول التعامل مع مختلف وسائل الإعلام، أن ٣٧٪ منهم يستخدمون محركات البحث للاطلاع على أخبار قطاع التقنية. وأظهرت نتائج الاستطلاع أيضًا أن ٢٦٪ من المديرين التنفيذيين في شركات التقنية، يعتمدون على المدونات الإلكترونية كمصادر للأخبار، وأن ٣٠٪ منهم يستخدمون مختلف أشكال وسائل الإعلام

الاجتماعي. وتعد الوسائل المستخدمة للوصول إلى المصادر الإخبارية الأمر الأكثر أهميةً، حيث أشار ٨٧٪ من المشاركين في الاستطلاع إلى أنهم يستخدمون جهاز الكمبيوتر المحمول للوصول إلى الأخبار عبر الإنترنت. كما أشارت النتائج، أيضًا، إلى أن ٥٤٪ من المشاركين يستخدمون الآن الهواتف الذكية، و١٦٪ يستخدمون الأجهزة اللوحية مثل «آيباد» (iPad)، لاستعراض الأخبار[٣٠].

الفصل الخامس
جمهور شبكة الإنترنت

تطرقنا، فيما سبق من هذا الكتاب، للحديث بشكل مختصر عن جمهور الإنترنت، أو ما يمكن أن نسميه اليوم بالجمهور الفوري، الذي قد يكون أبلغ وصف يوصف به قراء وزوار الصحف الرقمية. هذا الجمهور غالبيته من الشباب الذي بدأ حياته رقميًّا، بدءًا من الاهتمام بأجهزة الحاسب الآلي أواسط التسعينيات، مرورًا بمتابعة الجديد في هذا المجال، إلى أن أدرك عصر الهواتف الخلوية، وعصر أجهزة الحاسب الآلي المتنقلة (Laptop)، وصولًا إلى ما هو عليه اليوم من منجزات الشركات الأمريكية، كهواتف «الآيفون» و«الآيباد». وما زال هذا الجمهور الشاب يتابع الجديد وما قد يظهر في المستقبل القريب.

هذا النوع من الجمهور الذي يبحر يوميًّا، ولساعات طوال عبر شبكة الإنترنت، لا بد لأي صحيفة رقمية تسعى إلى الانتشار، وكسب مزيد من القراء والمتابعين، أن تعمل على فهم سيكولوجيته وعاداته اليومية، وهو يبحر عبر الشبكة. فهو لم يعد ذاك النوع الكلاسيكي أو بطيء التحرك والاستجابة، كما هو عليه جمهور الصحف والمجلات

الأسبوعية، أو كما كان عليه غالب الجمهور القارئ قبل عقدين أو ثلاثة، من زمن ولى وراح، وظني أنه لن يتكرر.

إن جمهور الإنترنت اليوم، روحه شبابية، حتى لو تقدَّم به العمر، فهو جمهور فوري وسريع، ومتسرع أحيانًا كثيرة. هذا الجمهور كثيرًا ما يجد نفسه أمام بدائل وخيارات عديدة في غالبية أموره المتعلقة بالإنترنت، فإن أراد خبرًا ولم يجده في صحيفة ما، فبكبسة زر يبحث عن أخرى بديلة إلى أن يجد مبتغاه، وهكذا حاله مع أي معلومة يبحث عنها عبر الشبكة.

أضف إلى الرغبة في فورية الحصول على المعلومة، أن هذا الجمهور قد نشأ على أن يكون متفاعلًا مع ما يبحث عنه، ويريد أن تكون له بصمته ودوره وتفاعله مع الخبر والمعلومة. تجده يكتب تعليقًا على خبر ما، في صحيفة رقمية أو موقع إلكتروني، أو على أقل تقدير إن لم يبدِ رأيًا أو تعليقًا، تجده يرسل الخبر إلى آخرين من المتابعين عبر وسائل التواصل الاجتماعي المتعددة، أو ينشره في صفحة شخصية له، وغير ذلك من التفاعلات الرقمية. ومع فورية الحصول على المعلومة التي يريدها جمهور الإنترنت، والتفاعل مع ما يقرؤه أو يراه، تجده كذلك يبحث عن الخلاصة أو خلاصة الخلاصة أحيانًا. فهو لم يعد يستهويه الخبر الذي يسترسل محرره ويسهب ويطنب فيه، بل يريد الإيجاز، فإن راق له بحث عن التفاصيل بطريقته. إنه سهل الاستثارة، وسهل فقدانه أيضًا. هذه الصفة في هذا النوع من الجماهير، لا شك أنها تُلقي بكل تأكيد بمزيد من الأعباء على محرري الصحف الرقمية في تقديمهم للأخبار والتقارير، لتكون

بالشكل الذي يتناسب مع الإيقاع السائد، الذي عليه غالبية جمهور الإنترنت.

رؤية الشباب العربي للإنترنت

لاحظ معي من خلال أرقام التقارير التالية، مدى التطور في نسب استخدام الإنترنت عند فئة الشباب في العالم العربي، حيث أعلنت شركة «بوز آند كومباني» (booz & company)، ضمن قمة أبو ظبي للإعلام، التي عُقدت في الفترة من ٩ إلى ١١ أكتوبر ٢٠١٢، عن إطلاق أحدث تقاريرها حول استخدامات ورؤية الشباب العربي لشبكة الإنترنت، في تقرير ثري بالإحصاءات والمعلومات حول الموضوع، وقد تعاونت الشركة مع «غوغل» في إصدار التقرير. وربما يتمثَّل الجديد في هذه الدراسة التي تم إصدارها بعنوان «نظرة على جيل الرقمية العربي»، في تحديدها لتعريف شامل لجيل الرقمية العربي من الشباب بين سن الخامسة عشرة والخامسة والثلاثين، واعتمادها على عينة من الشباب بلغت حوالي ٣١٢٧ شخصًا في ٩ دول عربية هي: الإمارات ومصر والبحرين والكويت والجزائر وقطر والأردن ولبنان والسعودية.

وتوصلت الدراسة إلى مجموعة من النتائج، كان من أبرزها:

- يستخدم حوالي ٨٣٪ من الشباب العربي، الذي شملته الدراسة، شبكة الإنترنت بشكل يومي، وتقل هذه النسبة عند قياس معدلات الاستخدام اليومي للإنترنت، لكنها تظل مرتفعة، إذ أكد حوالي ٤٠٪ من الشباب أنهم يستخدمون الإنترنت لمدة لا تقل عن

٥ ساعات يوميًا، وهناك ٦١٪ من الشباب أكدوا أنهم يقضون أكثر من ساعتين يوميًا على مواقع التواصل الاجتماعي، مثل: تويتر وفيسبوك، في نسبة تشير إلى تزايد هيمنة مواقع التواصل الاجتماعي واقتراب تفوقها على المواقع الأخرى، وتؤكد كذلك سيطرة الإنترنت على مختلف أنواع الإعلام الرقمي.

- لا يزال الشباب العربي يرى أن الوسائل التعليمية لا ترقى إلى تطلعاتهم، خصوصًا في ظل إمكانية رفع تفاعلية التعليم. ويؤمن أولئك الشباب، ممن شملتهم الدراسة، أن الإنترنت قد قرَّبتهم من الالتزام بتعاليم الدين، وربما هذا من أبرز نتائج الدراسة عكس الاعتقاد السائد[٣١].

أما نتائج الاستبيان الذي أجراه برنامج الحوكمة والابتكار، بالتعاون مع «بيت دوت كوم»، الذي استهدف القاطنين في ٢٢ بلدًا عربيًا، وتم الانتهاء منه في ٢٠١٤، فقد أشار ٩٩٪ من أفراد العينة إلى امتلاكهم جهاز كمبيوتر محمولًا أو مكتبيًا، بينما لا تتعدى نسبة الذين لا يملكون هاتفًا ذكيًا، أو جهازًا لوحيًا، أو جهازًا مكتبيًا أو محمولًا ١,٤٨٪. أما فيما يتعلق بالأجهزة التي تستخدم فعليًا للاتصال بالشبكة، فقد كانت الأسبقية للكمبيوتر المحمول بنسبة ٦١٪، إضافةً إلى الهواتف الذكية والكمبيوتر اللوحي.

وكان هناك شبه إجماع بنسبة ٩٤٪، من أفراد العينة، على أن استخدام الإنترنت يحسِّن النشاط الاجتماعي، ويوفر لهم المزيد من موارد وفرص التعلُّم. كما اعتبر ٧٩٪ من أفراد العينة أن الإنترنت جعلتهم أكثر انخراطًا في شؤون مجتمعاتهم، أما كون الإنترنت تعزز

من تفاعل الأفراد مع الحكومة، وهذا من ضرورات العيش، فقد كان بنسبة ٦١٪[٣٢].

وفي دراسة بحثية شاملة تهدف إلى إمداد السوق برؤى معمقة، وإحصائيات دقيقة، حول واقع ومستقبل اقتصاد المعرفة في العالم العربي، بينت نتائج «توقعات أعداد مستخدمي الإنترنت في العالم العربي ٢٠١٤-٢٠١٨» مدى التوسع الكبير الذي يشهده قطاع تكنولوجيا المعلومات والاتصالات، في ظل تقديرات بأن يصل عدد مستخدمي شبكة الإنترنت في الدول العربية إلى ٢٢٦ مليون مستخدم بحلول عام ٢٠١٨. ويتوقع التقرير أن يرتفع معدل انتشار الإنترنت في المنطقة من حوالي ٣٧,٥٪ في عام ٢٠١٤، إلى أكثر من ٥٥٪ في عام ٢٠١٨، أي أعلى من المعدل العالمي البالغ ٣,٦ مليار بنسبة ٧٪، وفقًا للبيانات الأخيرة الصادرة عن الشركة البحثية المستقلة «إي ماركتير»[٣٣].

يتضح لنا مما سبق كيف أصبح الجمهور الفوري في العالم العربي، وجله من الشباب، يقبل على الإعلام الرقمي الذي يشهد نموًّا مطَّردًا، نظرًا لارتفاع نسبة الشباب بين السكان في كثير من الدول العربية، فالشباب تحت سن ٢٥ عامًا يُقدرون بحوالي ٥٥٪ من مجموع السكان في المنطقة العربية. وتُمثل هذه الشريحة العمرية عنصرًا مشتركًا في معظم الدول العربية، لدفع عملية الاستهلاك الإعلامي عبر شبكة الإنترنت، ويُتوقع أن تُسهم هذه الفئة في دفع نمو الإعلام الرقمي، كما يمكن للمنطقة أن تستفيد وتتعلم من الإخفاقات والنجاحات التي تحققت في السوق الإعلامية في أوروبا وأمريكا الشمالية وآسيا.

وقد ذكرت مدونة «ديجتال قطر» أن الشبكات الاجتماعية ليست ظاهرة عارضة أو موضة، كما وصفها البعض في السابق بأنها ستنتهي ويخفت نجمها بعد فترة. مؤكدة أن نمو الشبكات الاجتماعية يواكبه نمو عدد المستخدمين الجدد لشبكة الإنترنت، وزيادة الوعي بخدماتها وأهميتها خصوصًا في العالم العربي، كمصدر للمعلومات والتواصل والخدمات. وقد أدركت المجتمعات العربية مدى وصول هذه الشبكات الاجتماعية وتأثيرها، وبدأت في مخاطبة المواطنين من خلالها بجانب القنوات الرسمية.

إن الانتشار الواسع لاستخدام الوسائط المتعددة، في حياة شباب العصر، بمختلف فئاته العمرية، وانتماءاته الاجتماعية والجغرافية، لا سيما لدى هؤلاء المولودين معها، والمتطبعين بها منذ عمرهم المبكر، أضحى يدفع باتجاه الحديث عن اختراق «ثقافة الشاشة» لحياتنا اليومية، وحياة هذه الأجيال بصفة أخص. ولا شك أن «ثقافة الشاشة» مختلفة عن ثقافة الصورة، تمامًا مثلما كانت ثقافة الطباعة شيئًا مغايرًا لثقافة النص المكتوب، ومختلفة عنه، وتبقى شاشة الحاسوب من أكثر تلك الشاشات وأعظمها تأثيرًا، لا سيما بعدما جعلت الإنترنت من الحاسوب محملًا ووسيطًا تقنيًّا متعدد الوظائف، فاستحالت شاشته إلى وسيلة إعلامية، ومصدر معارف، ووسيلة تعليمية، ووسيلة اتصال وتواصل، ووسيلة ترفيه وتسلية.

كما يمكن القول إن الإنترنت أصبحت وسيلة للقراءة لنسبة غير قليلة من الشباب، فهي لا تبعدهم عن النص المكتوب، وإنما تقربهم منه، بل لعلها تستعيدهم إليه، بعد أن قامت الصورة التلفزيونية

بإبعاد الناس عن القراءة، كما يعتقد أكثر الناس. وفتحت شبكات التواصل الاجتماعي فضاءات أرحب للحوار والنقاش، وطرح قضايا ربما لم يكن متيسرًا للبعض طرحها ومناقشتها. وأضحت تلك الشبكات تطرح خيارات أكبر، وفرصًا مغايرة لشبابنا للتعاطي الفكري والثقافي والاجتماعي عن بُعد، وأصبحت نوافذ مختلفة للتواصل، تختزل المسافات وتتيح تبادل المعلومات والأفكار. ويكتشف المتتبع لحركة انخراط الشباب من مختلف الدول العربية في مناطق التواصل الافتراضي المتوفرة والمطورة على الشبكة، أهمية ما باتت توفره بعض المدونات وسائر الشبكات الاجتماعية، من «فيسبوك» و«يوتيوب» «وتويتر»، من مساحات انخراط أكبر لشبابنا في مجال التبادل الحر للأفكار والنقاش والتحاور.

أضحت المدونات والشبكات الإلكترونية، إلى جانب كونها منتديات للتحاور والنقاش، وسائل إعلام بديلة، وفضاءات إخبارية بامتياز، تنقل الخبر حين وقوعه مجسَّدًا بالصوت والصورة إلى قواعد المستخدمين، فظهرت بذلك «صحافة المواطن»، التي تلعب فيها وسائل الإعلام الاجتماعي دورًا رئيسيًّا في توسيع آفاق التعبير لدى المواطن، وتقديم مصادر معلومات بديلة للإعلام التقليدي. ولا بد من الإشارة أولًا إلى أن الأهمية المتعاظمة لدور الإعلام الجديد، شكلًا ومضمونًا في حياتنا الاجتماعية، وشده لأنظار الشباب، واكتسابه لنوع من المشروعية المجتمعية لديهم، إنما هو في جوهره تأكيد لعجز مضامين وسائل الإعلام الأخرى عن استقطاب هؤلاء الشباب. وما إقبال الشباب على المادة الإخبارية، العالمية

والإقليمية والمحلية، المروَّجة على الشبكات الاجتماعية، ونجاح هذه الأخيرة في استقطاب انتباهه، سوى تأكيد على فراغ في المشهد الإعلامي العربي، يستبطنه الشباب بدرجة أولى، ودليل كذلك على فشل الإعلام السائد في تلبية احتياجات هؤلاء الشباب من المادة الإخبارية بالطرق التي تروق لهم. وبناءً على ما تقدَّم، أصبح جليًّا أن منابر التواصل الافتراضي يمكن أن تكون وسائل حضارية قابلة للاستخدام المُجدي، وللتوظيف الحسن، في خدمة عدد من القضايا الملحة للشعوب والثقافات والأفراد، عكس كل ما يُقال عن تداعياتها السلبية على الشباب.

التقنية وثقافة الإنترنت

لقد عزز انتشار ثقافة الإنترنت من ظهور العديد من الأدوات التقنية، التي تيسر للقارئ الاتصال بالشبكة العنكبوتية، ومتابعة ما يدور في رحاب عالم يكسر كل الحدود. فتنتشر اليوم الهواتف الذكية على غرار «آي فون» و«بلاك بيري» و«سوني ريدر»، وبينها المزودة بتطبيقات متطورة تتيح لمستخدميها الاتصال بالإنترنت وتصفح المواقع التي تروق لهم. وتشهد التكنولوجيا ثورة في مجال الابتكارات التقنية وليدة العصر، مثل القارئ الإلكتروني «كيندل» (Kindle)، الذي طرحته شركة أمازون، ويتيح تحميل مئات الكتب لاسلكيًّا وتصفحها إلكترونيًّا، إضافةً إلى إمكانية متابعة الصحف والمجلات والمواقع المتخصصة. وهو جهاز محمول مزود بشاشة لؤلؤية، أو رمادية، تسمى «الورق الإلكتروني» (ePaper)، وتعتمد

على تقنية الحبر الإلكتروني (E-Ink) في عرض النصوص والرسوم على تلك الشاشة.

وبرز في هذا المجال أيضًا، حاسوب «آبل» (Apple) اللوحي الجديد «آيباد» (IPad). وعلى الرغم من إمكانية استخدامه بطرق عديدة، فإن أفضل استخدامات الجهاز تتمثل في الاستعانة به كقارئ إلكتروني، حيث يتيح قراءة الصحف والكتب الإلكترونية، أو مشاهدة الأفلام ومقاطع الفيديو. كل هذه الأدوات ساعدت الصحافة الرقمية على الانتشار سريعًا، وتفوقها على نظيرتها الورقية. وما يضمن كذلك تفوق الصحافة الإلكترونية على نظيرتها الورقية المطبوعة، هو اتساع نطاق جماهيريتها بين قطاع عريض من فئة الشباب، الشريحة الأكبر المستخدمة لشبكة الإنترنت، ذلك لأنهم لا يتعاملون معها على أنها مجرد وسيلة للاطلاع على أحدث الأخبار في جميع الميادين فحسب، وإنما يتعاملون معها، كذلك، من منطلق أنها منصة يمكنهم الارتكاز عليها في التعبير عما يجول بخاطرهم من أفكار، ويعبِّرون بواسطتها عن آرائهم، عبر تعليقاتهم التي يحرصون على التفاعل من خلالها، مع ما يُنشر من محتوى على جميع هذه المواقع الإعلامية[٣٤].

إن جمهورًا، روحه شبابية وسريع الحركة، واستجابته فورية سريعة، مع سرعة نمو وتطور وسائل الاتصال والتقنيات الرقمية في مختلف مناحي الحياة، لا يمكن تجاهله، بل يجب ألا يتم تجاهله من قِبل كثير من المؤسسات الصحفية، التي لم تصل بعدُ إلى قناعات راسخة، حول أهمية التحول إلى الرقمية بالسرعة الممكنة،

والمواكبة لسرعة نمو وتطور الجمهور، والوسائل التي يستخدمها في حياته اليومية. لقد شهد العالم خلال العقدين الأخيرين تحولات كثيرة، وفي مجالات عدة، منها السياسية والاقتصادية والثقافية، كما شهد أيضًا تغيرات جذرية في مجال المعلومات والاتصالات، بلغت ذروتها في التزاوج بين تقنيات الحواسيب وتقنيات الاتصالات، ونتج عن هذه النقلة العلمية والتكنولوجية ظهور ما يعرف بمجتمع الاقتصاد المعلوماتي، هذا المجتمع الذي تشكل المعلومات فيه المورد الأساسي والإستراتيجي. ويعتقد الكثير من علماء المعلومات أن التطورات في مجال تقنيات المعلومات والاتصالات، التي حدثت في العقدين الأخيرين، سوف تؤدي إلى تقسيم المجتمعات إلى مجتمعات مشاركة (The Doers)، وهي التي يمكنها أن تقوم بإنتاج التقنيات الجديدة في مجال الاتصالات والمعلومات، ومجتمعات أخرى متصلة (The Users)، وهي التي تتصل بالعالم من خلال التقنيات الحديثة، ومجتمعات متروكة (The Leftovers)، وهي التي ليس لها أي دور يُذكر[٣٥].

الفجوة الرقمية في العالم العربي

لا شك أن هناك فجوة رقمية كبيرة بين العالم العربي والعالم المتقدم، لكن هذا لا يعفي من القيام بمحاولات السعي لتقليل مساحة هذه الفجوة، سواء على المستوى الحكومي أو على المستوى المجتمعي.

وهناك ثلاث فئات عريضة يمكن اعتبارها من المعنيين، بصفة

مباشرة، بموضوع الفجوة الرقمية، ويجب الاهتمام بها عند الاتفاق على مؤشرات الفجوة الرقمية في الدول العربية، وهي على النحو التالي:

- **المجتمعات المدنية**

تحتاج إلى تبادل واستغلال المعلومات والمعارف، بصورة فعَّالة، باستخدام تقنيات المعلومات والاتصالات لتحسين سبل المعيشة.

- **مقدمو الخدمات من القطاعين الحكومي والخاص**

هم الذين يقدمون الخدمات في مجال الاتصالات وتكنولوجيا المعلومات، وقد يحتاجون إلى تعزيز استخدامهم لموارد المعلومات الرقمية ونظم المعارف، إضافةً إلى تقنيات المعلومات والاتصالات، مما يتطلب التدريب واكتساب المهارات العالمية، وآليات جديدة للتفاعل، مثل: التجارة الإلكترونية، والحكومة الإلكترونية، وغيرهما من التطبيقات التي تخدم المواطنين. كما يجب التركيز على معالجة الطائفة الواسعة من الفقراء، ويمكن اعتبار تكنولوجيا المعلومات أحد العوامل الرئيسية في تحسين مستوى معيشتهم، بتحقيق الشفافية، وتبادل المعلومات بين مختلف الأطراف الفاعلة المشاركة، تلبيةً لاحتياجات جميع من يتلقون هذه الخدمات.

- **صُناع السياسات**

يحتاج صناع السياسات إلى بيئة مساندة لرسم سياساتهم، خصوصًا في مجال الاتصالات والمعلومات[٣٦].

إضافةً إلى ما سبق، فمسؤولية الجهات المذكورة، أو المعنيين بصفة مباشرة بالقيام بمحاولات تقليص الفجوة الرقمية، تتركز في

عدم تجاهل دور المواطن، ومساهمته في هذا الأمر على المستوى الشخصي، عبر متابعة ومواكبة التقنيات الحديثة قدر المستطاع، خصوصًا أن هناك ما يدعم ذلك، متمثلًا في الاتجاه الحاصل اليوم لدى كثير من الشركات المنتجة لتقنيات الاتصال نحو خفض الأسعار، من أجل أن يكون في مقدور أكبر عدد من المستهلكين استخدامها، وهذا ما يتضح من خلال مثال واحد يمكن الاستشهاد به لدعم ما نذهب إليه، وهو مثال انتشار الهواتف المحمولة.

في تقرير للبنك الدولي عن التنمية في العالم، لعام ٢٠١٦، تبين أن البشرية تعيش أعظم ثورة معلومات واتصالات في تاريخها، فأكثر من ٤٠٪ من سكان العالم لديهم إمكانية الاتصال بالإنترنت، مع دخول مستخدمين جدد إلى الشبكة العالمية كل يوم. ومن بين الـ٢٠٪ الأفقر من الأسر، حوالي ٧ أسر من كل ١٠ لديها هاتف محمول. وأصبح احتمال أن تمتلك أشد الأسر فقرًا، هاتفًا محمولًا، أكبر من احتمال وجود مراحيض أو مياه شرب لديها[٣٧].

لا شك أن الزيادة الملحوظة في عدد مستخدمي الهواتف المحمولة في العالم العربي، والمستمرة سنويًا، واستخدام تلك الهواتف كثيرًا في الدخول إلى شبكة الإنترنت، مؤشر مهم يؤكد على أن الدخول إلى الشبكة لأي غرض، صار أشبه بعادة يومية لدى المستخدمين، ولن نبالغ إذا قلنا إنها دخلت ضمن القائمة اليومية للأفعال الروتينية التي يقوم بها غالبيتنا، مثل الأكل والشرب والنوم، وغيرها من العادات الروتينية اليومية. ولا شك أيضًا أن قيام بعض الحكومات في الدول العربية بنشر ثقافة الإنترنت ودعمها، عبر إتاحة

الاتصال بالشبكة في مواقع عامة عديدة، هو مؤشر آخر يؤكد على أن الدخول إلى شبكة الإنترنت لن يكون عائقًا أمام كثيرين، ربما كانت ظروفهم الاقتصادية تدفعهم إلى تحديد ساعات الاتصال بالشبكة. أما وقد صار الاتصال بالشبكة أمرًا متاحًا من دون تكلفة، فهذا أمر قد يساعد على زيادة أعداد المبحرين في هذا العالم الرقمي، الذي يتمدد يوميًّا. ولا شك أن المواقع الإخبارية والصحفية هي من أوائل المواقع التي يزورها ويتصفحها كثيرون من مستخدمي الإنترنت، إضافةً إلى مواقع التواصل وغيرها.

الفصل السادس
الصحافة الرقمية في العالم العربي

قبل أن نبحر في الصحافة القطرية، أجد من المهم التعرف على البيئة المحيطة، في مجال استخدام الإنترنت، لا سيما في العالم العربي، الذي ازداد فيه عدد مستخدمي الشبكة بشكل لافت وملحوظ، حيث تضاعف عدد مستخدمي الإنترنت في الدول العربية الشرق أوسطية، من حوالي ٣ ملايين مستخدم للشبكة في ديسمبر ٢٠٠٠، ليصل إلى حوالي ١٤١ مليون مستخدم في يونيو ٢٠١٦، بحسب الأرقام التي نشرها الموقع الإلكتروني العالمي «إنترنت وورلد ستاتس». وقد كان عدد مستخدمي الشبكة في قطر، عام ٢٠٠٠، حوالي ٣٠ ألف مستخدم، وقفز إلى أكثر من مليوني مستخدم في ديسمبر ٢٠١٦، بنسبة هي الأعلى بين الدول العربية، تبلغ ٩٧٪، في مؤشر على أن غالبية السكان في قطر ارتبطت حياتهم بالشبكة بصورة أو بأخرى[٣٨].

وقد شهد المجال الصحفي في العالم العربي، شكلًا من أشكال التحول نحو استثمار التقنيات الرقمية خلال العقدين الماضيين، وساعد، بطبيعة الحال، ظهور الإنترنت كوسيلة اتصال فاعلة

وتفاعلية، الأمر الذي أدى إلى إتاحة الفرصة أمام الأفراد والجماعات والمؤسسات، للوصول إلى المعلومات التي يُتحصل عليها عبر وسائل تواصل متنوعة، ومن ثمَّ إرسالها ونشرها على نطاق واسع، وبشكل غير مسبوق ولا محدود، وبسرعة فائقة. وهو أمر لم يسبق له مثيل في التاريخ. هذا التطور الهائل في تلقي وإرسال المعلومات، دفع المؤسسات الإعلامية في العالم العربي، كغيرها من مؤسسات إعلامية حول العالم، إلى محاولة خوض غمار الصحافة الرقمية، حتى لو كان بشكل بسيط في بادئ الأمر. لكن مع مرور الوقت بدأت مؤسسات صحفية عربية عديدة تعي أهمية أن يكون لها موطئ قدم على شبكة الإنترنت.

وسيذكر التاريخ الصحفي العربي لصحيفة «الشرق الأوسط» أنها أول صحيفة عربية تنشئ لها موقعًا على شبكة الإنترنت، وكان ذلك في الخامس من سبتمبر ١٩٩٥، وبنظام الصور، حيث كانت صفحاتها تُرفع إلى الموقع على شكل صور، وليس بنظام النص. ثم بدأت صحف عربية أخرى في حجز مواقع لها على الشبكة، ما بين عامي ١٩٩٦ و١٩٩٨، منها «النهار» و«الحياة» و«السفير اللبنانية»، وتبعتها «الوطن» العمانية، ثم «الوطن» القطرية، وتضاعف عدد الدوريات العربية في الظهور على شبكة الإنترنت، فبلغت عام ٢٠٠٠ على سبيل المثال قرابة ٣٥٠ دورية عربية ما بين صحيفة ومجلة[٣٩].

وعلى الرغم من انتشار الصحف الإلكترونية العربية على الشبكة، فإن هذا الانتشار لا يتماثل مع ذاك الحاصل للمنشورات الإلكترونية، على المستوى العالمي، ولعل تواضع نسبة عدد مستخدمي شبكة

الإنترنت في الوطن العربي، بالنسبة لعدد السكان الإجمالي، أحد أبرز أسباب عدم الانتشار مبكرًا على المستوى العالمي، إضافةً إلى ضعف البنية الأساسية لشبكات الاتصالات في كثير من بلدان العالم العربي، ووجود معوقات اجتماعية وثقافية واقتصادية، أثرت ولا تزال تؤثر على سرعة الانتشار، إضافةً إلى العائق الأكبر المتمثل في التوجهات السياسية للدول العربية، وكلها أدت إلى تأخر ملحوظ في الاستفادة من خدمات شبكة الإنترنت واستثمارها. لكن مع هذا لا يمكن أن نغفل عن حضور مقبول بعض الشيء لكثير من الصحف العربية التي أنشأت لها مواقع على الشبكة، واستطاعت أن تجذب اهتمام الزوار، حتى لو لم تتحول إلى رقمية تمامًا.

وبالنظر إلى واقع الصحافة الإلكترونية العربية، سنجد أن معظمها نسخ إلكترونية لصحف ورقية، وليست صحفًا رقمية بالمعنى المتعارف عليه، وفق معايير محددة مثل فورية النشر والتحديث، وسهولة البحث في أرشيفها، وتفاعل القراء معها أو ما نسميه بالتفاعلية، وهي من أبرز سمات الصحافة الرقمية.

والصحف الإلكترونية العربية، على الرغم من مرور أكثر من عقدين من الزمان على ظهور شبكة الإنترنت، وبدء الصحف العالمية في حجز مواقع لها على الشبكة، والتفاعل مع المتغير الجديد، يمكن القول إنها ما زالت في مراحلها الابتدائية في هذا المجال، ولم تصل بعد إلى تلك المراحل التي يمكنها فيها صناعة الخبر وترويجه والتفاعل معه، فما زال تأثيرها على المستوى الورقي أقوى منه على المستوى الرقمي، في الوقت الذي قطعت فيه صحف عالمية

مراحل متقدمة في صناعة الإعلام الرقمي، وتجاوزت بكثير مرحلة القص واللصق لبضاعتها الصحفية من الورق، وتحويلها إلى بضاعة رقمية، إذ تعمقت صحف كثيرة في هذا المجال وبدأت نشر محتوى رقمي حقيقي، يختلف تمامًا عما هو عليه محتواها على الورق، من الناحية الفنية والتقنية كذلك، مستفيدة من إمكانيات نشر مواد أخرى غير مكتوبة في صفحاتها الرقمية، كالمواد السمعية والمرئية، وفتح المجال للتفاعل اللحظي مع المنشور، في وجود الإمكانية السريعة للتعديل والإضافة، على عكس ما يجري في النسخ الورقية، وهذا ما يجعلها متفوقة في هذه الصناعة، وتأثيرها بالتالي يفوق الورقي بكثير، وهذا هو ما ينقص الصحف العربية حتى يومنا هذا.

تحديات أمام الصحافة الورقية العربية

لا شك أن هناك الكثير من التحديات التي تواجه الصحافة الورقية، وإن حجزت لنفسها موقعًا إلكترونيًّا عاكسًا للمحتوى الورقي. فلو نظرنا إلى أعداد مستخدمي الإنترنت في البلاد العربية مجتمعة مثلًا، والذين زادت أعدادهم إلى ما يقارب ٢٣٠ مليون مستخدم للشبكة، ومعظمهم من الشباب حتى منتصف عام ٢٠١٦، يمكن للوهلة الأولى اعتباره رقمًا متواضعًا، مقارنة بدول أخرى مثل اليابان وحدها، التي بها ١١٥ مليون مستخدم، أو ألمانيا وبها حوالي ٧٠ مليون مستخدم، أو الولايات المتحدة وبها حوالي ٢٨٧ مليون مستخدم. وهذا الرقم، من دون شك، يفيد بأنه مرشح للزيادة وبسرعة ملحوظة، وهذه حقيقة جديرة بأن يتم التنبه إليها من قبل المؤسسات

الصحفية، التي تريد أن تبقي على جمهورها قدر المستطاع، وفي الوقت نفسه تجدها متمسكة بالنسخة الورقية، وترفض التحول نحو الرقمية تمامًا. ومثل هذه السرعة في ازدياد عدد مرتادي الشبكة ومستخدميها، أجدها أبرز التحديات الكبيرة للمؤسسات الصحفية، التي تريد من جهة أن تُبقي على أكبر عدد ممكن من قرائها، من دون أن يتحولوا عنها، مع رغبة شديدة لكسب قراء جُدد من أولئك المبحرين في عالم الإنترنت كل ساعة. ومن جهة أخرى تبالغ في ترددها نحو التحول الكامل إلى الرقمية، وهي الموجة التي بدأت تسود الحياة في جميع مناحيها.

ويمكن أن ننظر إلى زيادة عدد مستخدمي الإنترنت في دولة قطر كمؤشر على أن هناك تغييرًا قد حدث في القناعات وإدراك أهمية مواكبة التطورات الرقمية التي تحدث في العالم، بدلًا من التخلف عن الركب بحجج وأعذار غير منطقية. وهي الحقيقة البارزة التي لا بد للمؤسسات الصحفية من أن تدرسها أيضًا بكل عناية، وتوليها كل اهتمام.

ما زالت هناك تحديات عديدة لها تأثير سلبي على الصحافة العربية، وتعوق طريقها نحو التحول التام إلى الرقمية، وبسببها قد نجد بعض العذر، ولفترة مؤقتة، للمؤسسات الصحفية في ترددها الحالي، ولكن ذلك لا يعفيها مطلقًا من عدم المحاولة. ومن تلك التحديات على سبيل المثال غياب آليات التمويل في مختلف صورها، سواء كان تمويلًا ذاتيًا أو في صورة إعلانات، حيث إن هناك حالة من انعدام الثقة بين المعلن العربي والإنترنت بصفة عامة، ربما

تعود إلى عدم شعوره بأمان هذه الشبكة، بسبب ما يُنشر ويُكتب عن اختراقات للمواقع وما شابه. أضف إلى ذلك النقص في المحتوى العربي على الشبكة، وهذا بدوره يؤدي إلى عدم انتشار الصحافة الرقمية بصورتها الواضحة، كما هي الحال في الغرب، ولذلك يتم استقاء معظم المواد والبرامج من الوسائل الإعلامية والثقافية الغربية.

كما أن هناك تدنيًا واضحًا في مستوى التعاون العربي، في ميدان التبادل الإعلامي، وهو ما يعطي الفرصة لاستمرار التبعية الإعلامية العربية للغير، مع وجود فجوة في الإمكانيات الإعلامية والاتصالية بين دولة عربية وأخرى، تتمثل في التوزيع غير المتعادل لتلك الإمكانيات، مع تركيز الاهتمامات على النواحي الفنية والمعدات (Hardware)، وتخصيص اعتمادات سخية لها، مع عدم إيلاء اهتمام موازٍ للطاقات البشرية وتأهيلها وتدريبها في مجالات الإنتاج الإعلامي المتعددة (Software)، ثم ضعف الاعتماد العربي الجماعي على الذات في تنمية الإعلام، والافتقار إلى سياسة عربية قومية في هذا القطاع الحيوي، إضافةً إلى كل ما سبق، تميز الإعلام العربي بالمركزية الشديدة وخضوعه للسلطة الحاكمة[٤٠].

وهناك تحديات أخرى برزت للصحف العربية على شبكة الإنترنت، منها منافسة مصادر الأخبار والمعلومات المحلية، حيث ظهرت ثلاثة أنواع رئيسية من المنافسين، هي:

- **المنافسون الجُدد**

وهم من خارج المؤسسات الإعلامية التقليدية، الذين أسسوا مواقع إخبارية مجانية، مثل مزودي خدمات الإنترنت ومواقع الأخبار

المتخصصة، كموقع «الجريدة» (aljareedah.com)، وموقع «إيلاف» (elaph.com)، إضافةً إلى الخدمات الصحفية المنافسة التي تقدمها البوابات الشاملة، مثل خدمات: «Arabia online»، و«Planet Arabia»، و«البوابة»، و«عجيب»، والعشرات من المواقع الإخبارية الأخرى.

- **المنافسون التقليديون**

وهي الصحف المحلية الأخرى، التي كانت معوقات النقل والجغرافيا لا تسمح بتوزيع نسخها المطبوعة، بشكل منافس، في غير مدن الصدور، وبالتالي وجدت في إنشاء مواقع لها على الإنترنت مجالًا فعالًا للوصول إلى أماكن جديدة، وبالتالي كسب ولاءات في غير مناطق نفوذها التسويقي.

- **مواقع إعلامية أخرى**

وهي مواقع وكالات الأنباء، حيث يمكن للمتصفح زيارة موقع وكالة الأنباء السعودية مثلًا، وقراءة آخر الأخبار من دون الحاجة إلى وسيط ناقل لهذه المعلومات. وكذلك بعض مواقع محطات الإذاعة والتلفزيون على الشبكة، حيث تتميز بعضها بغزارة وجدة المحتوى الإخباري على الموقع.

وقد تميزت معظم هذه الخدمات الجديدة بأنها لا تنحصر في تقديم آخر الأنباء السياسية على مدار الساعة فقط، بل تقدم أيضًا معلومات اقتصادية وثقافية ورياضية، إضافةً إلى خدمات محركات بحث، ومنتديات نقاش، وتعدتها أيضًا إلى توفير خدمات البريد الإلكتروني المجاني، والأخبار عند الطلب (News on-Demand)،

وهناك من طوَّر خدماته؛ بحيث يمكن عبر الموقع إرسال الرسائل القصيرة للهواتف الخلوية مثلًا، أو تلقي عناوين آخر الأخبار، وكثير من الخدمات ذات الطبيعة التقنية.

كما تصدر بعض المؤسسات الإعلامية الغربية الشهيرة طبعات عربية من مطبوعاتها، مثل مجلة «Newsweek»، ومجلة «Foreign Affairs»، إضافة إلى العديد من الإصدارات الإلكترونية باللغة العربية، التي تتبع مؤسسات إعلامية عريقة مثل هيئة الإذاعة البريطانية «BBC»، وشبكة «CNN» الأمريكية، وشركة ميكروسوفت «MS-NBC» بعد شرائها شركة «NBC». وحتى الناشرون الفرنسيون دخلوا في المنافسة، حيث تصدر طبعة عربية من أسبوعية «LeMonde Diplomatique» الفرنسية على هيئة مطبوعة وأخرى إلكترونية، مع غيرها من المواقع الإعلامية لدول ومنظمات، تستهدف الناطقين باللغة العربية، وتُحدِّث محتواها على الشبكة على مدار الساعة. وهذه السوق الإعلامية، وإن جعلت الخيارات الإعلامية أمام القارئ العربي متعددة وحرة وثرية، فإنها تضاعف من مشكلات المؤسسات الصحفية المحلية، التي تعاني كثير منها من شح الموارد، وزهد القراء والمعلنين فيها[٤١].

الوضع الحالي للصحف الإلكترونية العربية

قبل أن نستعرض بعض عوامل نجاح واستمرارية الصحف الرقمية، يجدر بنا التوقف والاطلاع بشكل موجز على الوضع الحالي للصحف الإلكترونية في العالم العربي بشكل عام. فمن

واقع الاطلاع على مواقع الصحف الإلكترونية العربية الموجودة على شبكة الإنترنت، سنلاحظ أنها في نشرها للمادة الصحفية، تعتمد على ثلاث تقنيات، هي على النحو التالي:

- **تقنية عرض المادة على شكل صورة**

وقد بدأت بها صحيفة «الشرق الأوسط» في بدايات الانطلاق. وهي تقنية باعثة على السأم بالنسبة لمتصفح الإنترنت، الباحث عن التفاعلية والفورية، والذي يشعر أمام هذه المواقع بغياب الروح، بل الجمود ذاته، فهو يقرأ ويشاهد كما لو أنه أمام صورة كبيرة. وهي تقنية تمنع الموقع أيضًا من الاستفادة من أدوات التفاعل مع الزوار، فلا تتيح إمكانية إضافة روابط بين النصوص، أو صور متحركة، أو مقاطع صوتية داعمة للموضوعات في الموقع.

- **تقنية بي دي إف (PDF)**

وهي نسخ الطبعة الورقية كما هي، بموادها التحريرية والإعلانية كذلك، ويمكن تسميتها بالنسخة الكربونية، حيث ما زالت بعض الصحف تستخدم هذه التقنية، إلى جانب تقنيات أخرى للعرض وإضافتها إلى الموقع. وأغلب الصحف العربية تتبع هذا النهج الآن. وبخصوص هذه التقنية بشكل موجز، فإنها تقوم على عرض المادة المنشورة على هيئة صور وملفات، وهي وإن كانت تقنية توفر، للقارئ، الصحيفة كما هي في الطبعة الورقية بجميع تفاصيلها، إلا أن حيوية المواقع الإلكترونية غائبة في هذه الحالة، حيث تحول هذه التقنية دون استخدام الصحيفة لإمكانيات النشر الإلكتروني، كأن يتم استخدام الأفلام والرسوم المتحركة والأصوات مثلًا، أو

إضافة وصلات وروابط بين النصوص الموجودة داخل العدد نفسه، أو إتاحة خدمة الأرشيف الإلكتروني، إضافةً إلى أنها تبدو غير جذابة مقارنة بتقنية إدخال المادة التحريرية فيها بنظام النصوص. كما أن هذه التقنية تتطلب إنزال برنامج خاص لعرضها، ويفترض أن يكون على أي جهاز كمبيوتر الآن، ولكن أحيانًا يتطلب تحميله من على الشبكة، وإلا فلن يستطيع القارئ رؤية الصحيفة.

- **تقنية النصوص**

وهي المستخدمة الآن في مواقع الصحف الرقمية، مثل «الجزيرة نت»، وغيرها من المواقع الرقمية العديدة. وهذه هي السائدة في كل المواقع الحيوية، التي تريد استثمار جميع أدوات التفاعل مع القراء، وتقديم خدمات النسخ والأرشفة وغيرهما للقارئ.

عوامل نجاح واستمرارية الصحف الرقمية

هناك عوامل كثيرة تساعد على بقاء الصحف الرقمية وعدم اختفائها، أو عزوف القراء عنها إلى أخريات، منها كفاءة الموقع في إشباع رغبات القراء في المعرفة، وتتمثل تلك الرغبات في الإجابة عن الأسئلة الشهيرة المطروحة دومًا في عالم الأخبار بشكل عام، والمتمثلة في الأسئلة الخمسة: مَن؟ لماذا؟ أين؟ كيف؟ متى؟

والإجابة عن تلك الأسئلة لا بد، بطبيعة الحال، أن تكون مصحوبة بأجواء من التشويق والإثارة، من دون المبالغة فيها بالطبع، وتكون بأكثر من تلك التي تقدمها وسائل الإعلام الأخرى المكررة، لا سيما الرسمية منها، إضافةً إلى تفسير ما يجري من أحداث بصورة تختلف

عن التفسيرات الرسمية أيضًا والمحافِظة، التي اعتاد الإعلام الرسمي عليها في تقديم أخباره للجمهور. كما أن على الموقع الراغب في أن يستمر وينجح ويكسب القراء، أن يحرص على تقديم الخدمات المرغوبة عادةً من القراء، ومن أبرزها، على سبيل المثال، خدمات القطاعات الحكومية، وخدمات الشركات والمؤسسات والبنوك والمال، وأخبار الجامعات والمدارس والهيئات الأخرى، ليس في مجتمع واحد فحسب، بل في أكثر عدد ممكن من المجتمعات، باعتبار عالمية الموقع، إضافةً إلى خدمات حيوية أخرى تهم قراء الموقع، وبحسب الجغرافيات التي يعيشون فيها، ويتابعون منها الموقع، وتتصل بحياتهم اليومية.

ومن العوامل المهمة أيضًا التي تساعد على استمرارية الصحيفة الرقمية، إشباع نهم القراء أو الزوار، عبر تزويد الموقع بالخدمات التفاعلية، التي تجعل من القراء طرفًا مؤثرًا في الموقع، من خلال التفاعل معهم، وإشراكهم في التعليقات على الأخبار، والآراء المنشورة في الموقع.

كما أن هناك عوامل أخرى عديدة، لها أثرها في نجاح الصحيفة الرقمية، ولا تقل عن العوامل السابقة أهمية، ومنها: جودة ورُقي وجاذبية التصميم الفني للموقع، وقدرته على المنافسة، وتقديم مختلف أشكال الإعلام ضمن مواده الصحفية، وكذلك الصور الثابتة أو المتحركة، إضافةً إلى المقاطع المتلفزة، أو المقاطع الصوتية فقط، والروابط التشعبية للموضوع. وهناك أيضًا أمور أخرى تساعد في تألق الصحيفة الرقمية، وهي قدرتها على التجديد، ومرونتها، وسرعتها،

وهي صفات وإن بدت مظهرية لكنها مهمة في جذب القارئ، وإحداث نوع من المتعة أثناء المشاهدة والتصفح في الموقع، وهي لم تعد ترفًا في عالم الصحافة الرقمية، بل إنها جوهر يضاف إلى المضمون الصحفي الرقمي.

ومن العوامل التي تطيل في عمر المواقع الصحفية الرقمية، قدرة الموقع على التغيير المستمر، عن طريق استقطاب كفاءات جديدة من الكُتَّاب والصحفيين بشكل دائم، وألا يتحول الموقع بعد فترة وجيزة إلى مقر وظيفي حكومي، يقيس فيه الصحفيون جهودهم بما يتقاضونه من مرتبات.

ومن خصائص المواقع الصحفية الرقمية الناجحة، قدرتها على معالجة القضايا والمشكلات المسكوت عنها في المجتمعات، والتي بسببها يحجم كثيرون من الإعلاميين العاملين في المواقع الرسمية، عن التطرق إليها خشية العواقب، أو أن تُفسر أقوالهم بصورة قد تأتي بعواقب سلبية عليهم، الأمر الذي يعرضهم إلى إشكاليات وصعوبات، وبالتالي يرون في الإحجام تصرفًا حكيمًا! على عكس ما هو حاصل في كثير من المواقع الصحفية الرقمية، التي تمتلك هوامش كبيرة وسقفًا عاليًا من الحرية لتناول تلك الموضوعات.

لعل أبرز خصائص المواقع الصحفية الرقمية الأكثر شهرة هي تحولها من مواقع صحفية من الدرجة الثانية إلى مواقع صحفية من الدرجة الأولى، حين تبدأ التحول لتكون مصدرًا للأخبار الموثوقة، والتحليلات الصحفية الجادة، وهذا التحول يعزز كفاءتها، ويمنحها القدرة على التأثير الثقافي والتوعوي. كما أن المواقع الصحفية الأكثر

انتشارًا تتصف بصفة أخرى، لا تقل أهمية عن الصفات السابقة، وهي أن العمل في الموقع الناجح هو في الغالب ليس فرديًا، بل هو عمل فريق صحفي كامل، ويظهر ذلك في صياغة الأخبار والتحليلات، وانتقاء الموضوعات والمقالات، بحيث يشعر القارئ بأن للموقع هدفًا ورسالة صحفية واضحة، لا تنحصر فقط في الإبلاغ والإخبار، بل تتعدى ذلك لتصل إلى الغاية، وهي التأثير في القارئ وإرشاده وتوعيته.

هناك أيضًا سمة تميز المواقع الصحفية الرقمية الأكثر طلبًا وشهرة، وهي شعور القارئ والمتابع للموقع بأن هذا الموقع الصحفي لم يسقط بعد في شباك منظومة أو شركات الدعاية والإعلان، ولم يعلن استسلامه لهذه المنظومة، فيتخلى عن رسالته السامية، لمنفعة الدعاية والإعلان، ويأتي هذا الانطباع للقارئ، الذي أصبح من الذكاء بحيث يستطيع بسهولة ويسر، حين يدخل إلى الموقع مباشرة ويشاهد الصفحة الرئيسية للموقع، أن يعرف إن كان الموقع ضحية شركات الإعلان أم العكس.

ولعل من أبرز مهمات اللجان الاستشارية والهيئات الإدارية للمواقع الصحفية الرقمية، إمداد الصحيفة بالآراء والأفكار الخلاقة، التي تعزز بقاء وتألق الصحيفة. ويجب ألا ننسى مساحة الحرية الممنوحة في الصحيفة للأخبار والتحقيقات والمقالات، فمساحة الحرية في الصحيفة تحدد عمر الصحيفة وتألقها، وكلما ضاقت مساحة الحريات قل الوهج وانطفأت شعلة الصحيفة، والعكس صحيح. وقد ظلت مساحة الحرية في الصحف، خلال عهود طويلة،

مقياسًا صادقًا لانتشار الصحف وقدرتها على المنافسة والاستمرار. وتعد مساحة الحرية في الصحف معادلًا جيدًا لمساحة الإعلان، بحيث لا يطغى الإعلان على الإعلام، ويقصيه ليصبح هو السيد، إذ حينئذ تتحول الصحيفة إلى صورة إعلامية ممسوخة[٤٢].

الفصل السابع
نشأة الصحافة القطرية وتطورها

الصحافة القطرية، شأنها شأن بقية صحف العالم، تأثرت بالتطورات التقنية التي حدثت في مجال الإعلام والصحافة بشكل عام، وارتباط تلك التطورات بثورة الاتصال والمعلومات. ومن المهم ونحن في سياق الحديث عن تلك التطورات التقنية للصحف القطرية، التعرف ابتداءً على تاريخ الصحافة القطرية ونشأتها، والتطورات التي طرأت عليها، منذ أن بدأت رسميًّا بشكل مقبول وملحوظ في بدايات السبعينيات.

سبقت «إذاعة قطر» جميع الوسائل الإعلامية بالظهور، فقد انطلقت الإذاعة القطرية في ٢٥ يونيو ١٩٦٨، وتبعها بعامين تقريبًا «تلفزيون قطر» في ١٥ أغسطس ١٩٧٠، الأمر الذي شجع القطاع الخاص على خوض تجربة الصحافة، سواء عبر مجلات أسبوعية أو صحف يومية. لكن القطاع الحكومي سبق الخاص في مجال المطبوعات الدورية، فقد ظهرت الجريدة الرسمية عن إدارة الشؤون القانونية بوزارة العدل، في الثاني من يناير ١٩٦١، وكانت مختصة بنشر المراسيم الأميرية والقوانين الصادرة عن الحكومة القطرية. ثم

بدأت شركة نفط قطر بإصدار دورية عام ١٩٦١، وكانت أقرب إلى نشرة داخلية، تهتم بأخبار وأنشطة الشركة والعاملين فيها، وأُطلق عليها اسم «المشعل»، وتطورت النشرة بعد ذلك، فخرجت على شكل مجلة شهرية عام ١٩٧٧، وواصلت التطور ليصل إلى الشكل والمضمون، واهتمت بالإضافة إلى أخبار المؤسسة العامة القطرية للبترول، بأخبار النفط والغاز وقضايا أخرى ذات صلة بأنشطة المؤسسة[٤٣].

ظهرت بعد ذلك مجلة «الدوحة» عن وزارة الإعلام، في الأول من نوفمبر ١٩٦٩، وكانت معنية بشكل كبير بالجانب الثقافي، ولاقت نجاحًا متواصلًا، ليس في قطر فحسب، بل في العالم العربي كله تقريبًا. ودليل ذلك ارتفاع رقم توزيعها في العالم العربي، ليصل إلى حوالي مائة ألف نسخة، وهو رقم كبير مقارنة بأرقام توزيع مجلات عربية أخرى، أقدم منها في ذلك الوقت. لكنها توقفت منتصف عام ١٩٨٦ لظروف اقتصادية، كان المقصد منها ترشيد الإنفاق الحكومي. وقد تحدثت المجلة عن مسيرتها في تعريف نفسها عبر موقعها الرسمي، وقسمتها إلى مراحل خمس:

- **المرحلة الأولى**

ولدت المجلة مع إرهاصات النهضة الشاملة التي تشهدها دولة قطر حاليًّا. وقد صدر العدد الأول عن «إدارة الإعلام-الإذاعة» بتاريخ ٥ فبراير ١٩٦٩، في حجم متوسط، واثنتين وسبعين صفحة بالأبيض والأسود. واشتمل على تقديم للأستاذ محمود الشريف، مدير إدارة الإعلام في قطر (صاحب ورئيس تحرير صحيفة الدستور الأردنية).

وتضمنت الصفحة التالية كلمة لرئيس التحرير إبراهيم أبو ناب، وأخرى لوكيل إدارة الإعلام لشؤون الإذاعة طاهر الشهابي. وتعاقب على رئاسة التحرير بعدئذ فايز صياغ، ومازن حجازي.

- **المرحلة الثانية**

بعد أن نالت دولة قطر استقلالها في ٣ سبتمبر١٩٧١، تغير مسمى «إدارة الإعلام» إلى «وزارة الإعلام»، وتم تعيين عيسى غانم الكواري وزيرًا للإعلام، فسعى إلى تطويرها لأبعد مدى باعتبار المجلة تحمل اسم عاصمة الدولة، إضافةً إلى ما يمثله اسم «الدوحة» ذاته من إيحاءات وجدانية شفافة.

وتعاقدت الوزارة مع بعض الكفاءات العربية للاضطلاع بمهمة التطوير، وتم ترشيح الدكتور محمد إبراهيم الشوش لشغل منصب رئيس التحرير، بتزكية من الروائي السوداني المعروف الطيب صالح. وتولى مهمة المحرر العام عبد القادر حميدة، كما تولى مهمة الإشراف الفني الفنان محمد أبو طالب.

صدر العدد الأول في يناير ١٩٧٦، وبلغ عدد صفحاته ١٦٢ صفحة، من الحجم الكبير (السائد حاليًّا)، وكان ممهورًا على الغلاف شعار «الدوحة.. ملتقى الإبداع العربي والثقافة الإنسانية». وحلَّقت المجلة في فضاء الثقافة، وذاعت شهرتها على امتداد العالم العربي، حيث استكتبت نخبة ممتازة من عمالقة الإبداع من الكُتَّاب والشعراء.

- **المرحلة الثالثة**

بدأت هذه المرحلة بتعيين الأديب رجاء النقاش رئيسًا لتحرير المجلة، بتاريخ ١٨ ديسمبر ١٩٧٩، وتميزت باستقطاب المزيد

من القراء والكُتَّاب، وارتفعت مبيعات المجلة إلى مائة ألف نسخة شهريًّا، لكن المجلة توقفت فجأة عن الصدور، ففي يوليو ١٩٨٦ صدر قرار بتعطيل جميع المجلات الحكومية القطرية، وشمل ذلك مجلات: الدوحة، والأمة، والصقر.

- **المرحلة الرابعة**

بعد توقف دام واحدًا وعشرين عامًا، عادت الروح إلى المجلة، وصدر العدد الأول في نوفمبر ٢٠٠٧، وشغل عماد العبد الله منصب مدير التحرير، وبعد عدة أشهر تولى الدكتور على أحمد الكبيسي رئاسة التحرير، وهو بالمناسبة أول قطري يتولى هذه المسؤولية. وشهدت هذه المرحلة إضافة ملحق مستقل بدأ مع احتفالية «الدوحة عاصمة للثقافة العربية» عام ٢٠١٠، ولكنه استمر ليعكس النشاط الثقافي الكبير الذي تشهده دولة قطر.

- **المرحلة الخامسة**

مع تولي الروائي والصحفي عزت القمحاوي إدارة التحرير، شهدت المجلة، ابتداءً من عدد شهر يونيو ٢٠١١، ميلادًا جديدًا في مسيرتها الثقافية. من الناحية المهنية اتجهت إلى سهولة الأسلوب وقصر المواد، وارتبطت بالأحداث، وانفتحت على الأجيال الجديدة من الكُتَّاب العرب، كما استكتبت عددًا من الكُتَّاب الأجانب الذين يكتبون خصيصًا لمجلة «الدوحة»، في شكل زوايا ثابتة، أو بالمشاركة في ملفات المجلة المختلفة، ومن بين هؤلاء الروائي الإسباني «خوان غويتيسولو»، والروائي المغربي الفرنسي «الطاهر بنجلون»، والإيطالي «ستيفانو بيني»، بينما اتسعت المجلة لأهم الكُتَّاب العرب.

وبالإضافة إلى استمرار الملحق المعني بالنشاط الثقافي، في دولة قطر، يصدر مع المجلة كتاب مجاني كل شهر، إضافةً إلى كتاب مترجم ربع سنوي. ويتميز كتاب «الدوحة» الشهري بتقديم كتابات النهضة العربية في النصف الأول من القرن العشرين. وكان الكتاب الأول «طبائع الاستبداد» لعبد الرحمن الكواكبي، وبعده توالت الكتب من مختلف الاتجاهات الفكرية والفنية، إكبارًا لروح التعدد وقيم الاستنارة والقبول بالاختلاف[٤٤].

توالت الدوريات الحكومية في الصدور منذ السبعينيات، وشهدت قطر نشاطًا صحفيًا ملحوظًا، ولعل مما زاد في هذا النشاط، بدء القطاع الخاص بالاستثمار في مجال الصحافة، سواء في المجلات الأسبوعية والشهرية، أو الصحف اليومية. حيث شهدت قطر ميلاد أول مجلة أسبوعية في الخامس من فبراير ١٩٧٠، وأُطلق على المجلة اسم «العروبة»، وكانت تصدر عن مؤسسة دار العروبة للصحافة والطباعة والنشر، وكان يملكها المرحوم عبد الله حسين نعمة، وكان مجتهدًا في النشر والتوزيع، عبر مكتبة العروبة، التي كانت الموزع الأساسي لكثير من الصحف والمجلات العربية.

وظهرت مجلة حكومية أخرى تحت مسمى «التربية»، وهي مجلة فصلية محكمة، تصدر أربعة أعداد في السنة، عن اللجنة الوطنية القطرية للتربية والثقافة والعلوم، وصدر العدد الأول في يناير ١٩٧١، وهي مستمرة إلى الآن.

بعد أن لاقت مجلة «العروبة» ترحيبًا في قطر، كأول مجلة سياسية شاملة، بدأ مؤسسها التفكير في طلب ترخيص إصدار

صحيفة يومية، وكانت خطوة جريئة منه، في بلد ذي تعداد سكاني محدود، وجغرافية محدودة أيضًا. فكان له ما أراد، حيث صدرت صحيفة «العرب» كأول صحيفة يومية سياسية تصدر من قطر، وكان ذلك في السادس من مارس ١٩٧٢، وكانت على شكل «تابلويد»، وصدرت في ثماني صفحات، لم تلبث طويلًا حتى صدرت بالحجم العادي للصحف اليومية، ابتداء من ٢٢ فبراير ١٩٧٤، حتى توقفت منتصف ١٩٩٦ لظروف مالية على الأرجح، لكنها عادت للصدور من جديد، بعد أن تحولت إلى مؤسسة إعلامية في نوفمبر ٢٠٠٧، وهي مستمرة إلى الآن.

كان لصدور مجلة «العروبة»، ومن بعدها صحيفة «العرب»، أثر على بعض رجال الأعمال لخوض تجربة الاستثمار في الصحافة بشكل عام، الأسبوعية أو اليومية، فلم تمر سنوات قليلة على صدور «العرب»، حتى شهدت قطر ميلاد مجلة «العهد» الأسبوعية السياسية في يوليو ١٩٧٤، لصاحبها عبد الله الحسيني، ثم صدرت مجلة «الفجر» في يناير ١٩٧٥، لصاحبها سلطان خالد السويدي، ولم تستمر طويلًا حيث توقفت في ديسمبر ١٩٧٦. ثم صدرت مجلة «الخليج الجديد» عن وزارة الإعلام في مارس ١٩٧٦، وكانت مجلة سياسية، لكنها توقفت في فبراير ١٩٨٣. وصدرت في يناير، من السنة ذاتها، مجلة «ديارنا والعالم» عن وزارة المالية والبترول، وكانت تُعنى بشؤون المال والاقتصاد والنفط. ثم شهدت الساحة الإعلامية القطرية ميلاد أول مجلة رياضية عربية، وهي مجلة «الصقر» الرياضية، وكانت كزميلتها «الدوحة» في مسألة الانتشار

على المستوى العربي، وارتفاع رقم التوزيع ليتجاوز المائة ألف نسخة لكل عدد، وكانت شهرية تصدر عن وزارة الدفاع في قطر، ورَأس تحريرها السيد سعد الرميحي، وقد صدر العدد الأول منها في مارس ١٩٧٧، ولكنها توقفت أيضًا، للظروف الاقتصادية في منتصف عام ١٩٨٦، وتمت إعادة إصدارها من جديد عام ٢٠٠٠، لكنها لم تستمر طويلًا، حيث خرجت كما كانت قبل إغلاقها، حيث الزمان والفكر قد تغيرا، إضافةً إلى ظهور العديد من المجلات الرياضية المنافسة، وبإمكانيات أكبر، فلم تصمد بعد إعادة الصدور سوى سبع سنوات، وتم إغلاقها نهائيًّا عام ٢٠٠٧، بعد أن كانت رمزًا رياضيًّا ينتظره العرب بشغف ملحوظ من المحيط إلى الخليج كل شهر.

ثم شهدت الساحة الإعلامية القطرية ظهور أول مجلة نسائية، وهي «الجوهرة»، في يناير ١٩٧٧، تبعها في ديسمبر ١٩٧٨، ميلاد أول صحيفة قطرية ناطقة بالإنجليزية، وهي «الجلف تايمز».

توالى ظهور الصحف والمجلات في قطر، فظهرت الصحيفة اليومية السياسية الثانية، وهي «الراية»، عن مؤسسة الخليج للطباعة والنشر، في العاشر من مايو ١٩٧٩، وتولى رئاسة تحريرها السيد ناصر محمد العثمان، وكانت تصدر بصفة أسبوعية، على سبيل التجريب والاستعداد للصدور اليومي، باعتبار أن الترخيص أساسًا لصحيفة يومية، ولم تستمر «الراية» طويلًا على هذا النحو، حتى ظهرت كصحيفة يومية، ابتداء من ٢٧ يناير ١٩٨٠، في ١٢ صفحة من الحجم العادي، وما زالت مستمرة حتى الآن.

وفي نوفمبر ١٩٨٠ ظهرت واحدة من أفضل المجلات الإسلامية

في الوطن العربي، وهي «الأمة»، وقد ظهرت قوية منذ العدد الأول الذي نفد من الأسواق العربية، فقامت الإدارة بإعادة طباعتها مرة أخرى. صدرت المجلة عن رئاسة المحاكم الشرعية والشؤون الدينية في قطر، ولكنها توقفت كذلك للأسباب الاقتصادية نفسها التي طالت مجلة «الدوحة» و«الصقر» في أغسطس ١٩٨٦، وقد أصدرت ستة مجلدات، يحتوي كل مجلد على أعداد المجلة لعام كامل.

ثم استعدت الساحة الإعلامية القطرية لاستقبال صحيفة يومية ثالثة، هي «الخليج اليوم»، في الثالث من سبتمبر ١٩٨٥، ورأس تحريرها السيد عبد الله حجي السليطي، لكنها توقفت بعد عامين من الصدور في ١٥ يوليو ١٩٨٧، على أن تعود من جديد بعد ثلاثة أشهر في ثوب واسم جديدين، وكان ذلك في الأول من سبتمبر ١٩٨٧ تحت اسم «الشرق»، ولكن كان الإصدار أسبوعيًّا، واستمرت شهرين فقط، ثم بدأت «الشرق» بالصدور اليومي في الأول من نوفمبر ١٩٨٧ في ١٢ صفحة، بالحجم العادي للصحف اليومية، وما زالت مستمرة حتى الآن.

وفي الثالث من سبتمبر ١٩٩٥، ظهرت صحيفة يومية رابعة، هي «الوطن»، عن دار الوطن للنشر والطباعة والتوزيع، وتميزت عن الأخريات بالإخراج الفني لصفحاتها، وطرحها للموضوعات بأسلوب مشوق، أكثر مما اعتاد القارئ عليه في الصحف الثلاث: «العرب»، و«الراية»، و«الشرق». ورأس تحريرها السيد أحمد علي.

توالى بعد ذلك في التسعينيات صدور مجلات وإصدارات صحفية عن الأندية الرياضية والثقافية، وبعض المؤسسات الرسمية

والشركات التجارية، لكنها لا تعدو كونها مجلات علاقات عامة، تهتم بأخبار وشؤون الجهة الصادرة عنها، ولا يمكن إدخالها ضمن مجال التنافس مع صحف متمكنة في الساحة، أو يمكن أن نطلق عليها مسمى صحيفة أو إصدار صحفي بالمعنى المتعارف عليه، وبالتالي لا أجد ما يدفعني إلى ذكرها في هذا الكتاب.

بعد صدور «الوطن»، بدأت حمى المنافسة بين الصحف الأربع تشتد، سواء في موضوعاتها أو أساليب الطرح، إضافةً إلى الإخراج الفني للصفحات، والاهتمام بنوعية الطباعة والورق، الأمر الذي دفع بالصحف الثلاث، التي ظهرت بعد صحيفة «العرب»، إلى التفوق على الصحيفة الرائدة والأولى في قطر. ولاحظ جمهور القراء ضعف اهتمام مالكي الصحيفة بمسألة التطوير، وضرورة إعداد ما يتناسب مع بيئة المنافسة، التي أشعلتها صحيفة «الوطن» بصدورها، والذي واكب تطور آلات الطباعة والإعداد والتنسيق الفني للصحف، بواسطة أجهزة النشر الإلكتروني. وساعد على المنافسة أيضًا رفع الرقابة الحكومية عن الصحف في العام نفسه.

لم تقم صحيفة «العرب» بما يكفي للبقاء في عالم المنافسة، ولم تعرف الساحة الإعلامية بعدُ الصحافة الإلكترونية أو شبكة الإنترنت، فراوحت مكانها إلى أن انتهت بها الحال إلى التوقف منتصف عام ١٩٩٦. وربما كان هذا التوقف مؤشرًا مهمًّا، أفاد وما زال يفيد، بأن التراخي أو التوقف عن التطوير المستمر للصحيفة، بما يتناسب مع الزمن والمتغيرات الطارئة على الثقافة العامة في المجتمع، وكذلك على الأفراد، سيؤدي بالضرورة إلى الخروج من ميدان المنافسة،

فتتحول الصحيفة إلى ما يشبه طائرًا يغرد بنفسه ولنفسه، حتى ينتهي به المطاف إلى الانزواء والانطفاء بعد حين من الدهر لا يطول عادةً، وهو ما حدث مع صحيفة «العرب». وهذا ما يقودنا إلى التوقف عند ما يمكن تسميته بالتحديات التي تواجه الصحافة القطرية، وسيكون التركيز على الصحف اليومية في هذا الكتاب، باعتبارها البيئة المناسبة التي تتجسد فيها معاني العمل الصحفي الحقيقي وقيمه ومبادئه، على عكس المجلات الأسبوعية أو الشهرية والفصلية، من دون أن ننتقص من قيمة أي عمل.

تحديات أمام الصحف القطرية

واجهت الصحف القطرية الأربع، عدة تحديات طوال مسيرتها، وسنتعرض لتلك التحديات بشيء من التفصيل على النحو الآتي:

- **المحافظة على جمهورها**

في سبيل المحافظة على جمهور القراء، اهتمت الصحف جميعها بصورة أو بأخرى بالتطوير المستمر، سواء من الناحية الفنية أو محتوى المواد المقدمة على صفحاتها. ولعل صدور «الوطن» في أواخر عام ١٩٩٥، وإلغاء الرقابة الحكومية على الصحف، ساهما كثيرًا في هذا المسعى، واحتدام المنافسة بين الصحف في مسألة تطوير الطباعة، واختيار نوعية عالية الجودة من الورق، إضافةً إلى المحتوى. فكان عليها مواجهة هذا الأمر عبر شراء آلات طباعة حديثة، مهما بدا الأمر مكلفًا من الناحية المادية، وتعزيز الأقسام الفنية بأجهزة كمبيوتر حديثة، وبرامج للنشر الإلكتروني.

لا شك أن كارثة غزو العراق للكويت عام ١٩٩٠، مثلما أحدثت زلزالًا في منطقة الخليج تحديدًا وعلى جميع المستويات، فإنها كذلك كانت تحديًا كبيرًا أمام وسائل الإعلام، التي تواجه حدثًا لم يسبق له مثيل في المنطقة، ولم تشهده الصحافة المحلية من قبل. فرأت الصحف نفسها فجأة في دائرة الأضواء والاهتمام أكثر من أي وقت مضى، وصار دورها مهمًّا جدًّا في ظروف متوترة، في ظل وجود منافسين آخرين هما الراديو والتلفزيون حينها، حيث أصبحت كل الوسائل الإعلامية جاذبة للأنظار والأسماع حينذاك، كل واحدة تقدم موادها بالطريقة المناسبة.

قامت الصحف الثلاث، حيث لم تظهر الوطن بعد، بالتنافس على كيفية تغطية هذا الحدث الجلل، فأصدرت «الشرق» ملحقًا مسائيًا يوم ٢ أغسطس ١٩٩٠، في خطوة غير مسبوقة وجريئة في الوقت نفسه، ولكن من دون الحصول على الترخيص اللازم من وزارة الإعلام حينذاك. فتم إثر ذلك إيقافها لفترة أسبوعين كاملين، ففقدت جمهورًا في وقت لم تكن تتمناه قَطُّ، لكنها عادت بعد الإيقاف أكثر حماسة وعزيمة، وربما لعب الإيقاف دورًا في ازدياد شعبيتها.

بعد خطوة «الشرق»، قامت «الراية» بإصدار عدد مسائي، بعدما استفادت من الخطأ القانوني لزميلتها «الشرق»، وبالمثل قامت «العرب» بالشيء نفسه. وشجَّع إقبال القراء على الصحف على اتخاذ قرار الصدور يوم الجمعة أيضًا، حيث كانت الصحف القطرية قبل غزو العراق للكويت تتوقف عن الصدور يوم الجمعة. لكنها بدأت بالصدور تباعًا، ابتداء من الرابع من سبتمبر ١٩٩٢. وما إن

هدأت الأوضاع التي تسبب فيها قرار العراق غزو جارته الكويت، حتى عادت الصحف إلى روتينها اليومي، تبحث عن أساليب جديدة للتطوير والمحافظة على الرصيد الجيد من القراء، الذي تكوَّن بفعل التواصل اليومي، لمتابعة أحداث الأزمة ويومياتها.

- **توقف الدعم الحكومي**

تنامى إلى سمع إدارات الصحف عزم الحكومة التوقف عن دعم الصحف والمجلات المحلية، وهذا التوقف، إن حدث، فسيكون تحديًا غير متوقع من جانب مُلَّاك الصحف، الذين كانوا يعدون الدعم مصدرًا مهمًّا لاستمرارية صحفهم. فقد كانت الحكومة تقدم دعمًا ماليًّا لكل صحيفة ومجلة بشكل سنوي، إضافةً إلى دعم آخر يتمثل في الاشتراكات الحكومية وبكميات كبيرة.

وبدأت الصحف تستعد لهذا التحدي وتتوقعه في أي لحظة، وقد أجبرها على اتخاذ خطوات لسد الفراغ، أو تعديل أوضاعها المادية، وانتهاج سياسة جديدة فيها روح التقشف إلى حين، مع ما يمكن أن يمثله ذلك من احتمالية تأثر كل صحيفة سلبًا، سواء من ناحية الصرف على التطوير الفني، شاملًا نوعية الورق المستخدم للطباعة، أو نسب الصفحات الملونة، وربما التقليل من عدد الصفحات، إضافةً إلى مسألة ضبط النفقات على أقسام التحرير، مع ما يمكن أن تؤثر به تلك الخطوات على نوعية المواد المقدمة في الصحيفة، وغيرها من التأثيرات السلبية.

تم فعلًا رفع الدعم الحكومي عن الصحف والمجلات، وحدث ما توقعته الصحف. وتبيَّن أثر رفع الدعم بشكل واضح على صحيفة

«العرب»، أكثر من زميلاتها «الراية» و«الشرق» و«الوطن»، وربما كان السبب هو أن الصحف الثلاث يقوم عليها مجموعة من المستثمرين، فيما كانت «العرب» مملوكة لعائلة واحدة، الأمر الذي دفع بمُلَّاك «العرب» إلى ضبط النفقات، وبالتالي تأثرت عملية التطوير في الصحيفة، حيث استمرت من دون ذاك التطوير الذي ينافس زميلاتها، وبالتالي بدأت تفقد قراءها يومًا بعد آخر، إلى أن انخفضت نسبة توزيعها ومبيعاتها، ولم تستطع الصمود، وانتهى بها الأمر إلى التوقف في منتصف عام ١٩٩٦.

خرجت «العرب» من الميدان، وبدأت الصحف الثلاث، «الراية» و«الشرق» و«الوطن» في التنافس على كسب أكبر عدد ممكن من الجمهور القارئ للصحف، الذي هو في الأساس محدود وقليل، كما أسلفنا من قبل. وقد كان من أبرز المظاهر الواضحة للتنافس على كسب جمهور القراء، معيار زيادة عدد صفحات الجريدة. فكانت الصحف، قبل ظهور «الوطن» في سبتمبر ١٩٩٥، تصدر في ١٢ صفحة، ومع اشتداد المنافسة لكسب ود القارئ، زاد العدد إلى ١٦ صفحة، ثم إلى ٢٠ صفحة، وهكذا حتى أعلنت صحيفة «الشرق» عن زيادة عدد صفحاتها مع ظهور «الوطن» إلى ٢٤ صفحة يوميًا.

صاحب هذا التنافس المحموم بين الصحف زيادة موادها التحريرية والإعلانية، وظهور صفحات ملونة، وأدى الأمر كذلك إلى سعي إدارات الصحف الثلاث إلى تطوير تقنيات الطباعة، فكان التنافس في هذا المجال تحديدًا قد انحصر بين مؤسسة الخليج التي تُصدر «الراية»، ودار الشرق التي تصدر عنها صحيفة «الشرق»،

وتنافستا في شراء آلات طباعة حديثة، وذات إمكانيات عالية ظهرت على صفحات مطبوعاتها، سواء الصحف اليومية أو المجلات.

واصلت الصحف الثلاث التي بقيت في الساحة تنافسها على اجتذاب قراء جدد، وفي الوقت ذاته محاولة الحفاظ على قرائها القدامى، عن طريق التطوير المستمر، سواء على المستوى الفني لإخراج الصفحات، أو زيادة عدد صفحات الجريدة، أو البحث المستمر عن الموضوعات التي تحقق بها السبق الصحفي. ولأن مصادر الصحف الثلاث من الأخبار، خصوصًا غير المحلية، كانت وكالات الأنباء العالمية المعروفة، فقد توحدت في هذا الجانب، وبالمثل مع الأخبار المحلية الرسمية، التي كانت وكالة الأنباء القطرية هي المصدر الوحيد لها، وبالتالي ضاقت مساحات التميز في هذه المجالات.

تنبهت الصحف، وهي في تلك الحالة، إلى أن هناك مجالًا يمكن التمايز فيه وتحقيق الانفرادات الصحفية، وبالتالي كسب قراء جدد، وبالضرورة ستكسب معلنين جددًا، وتحقق إيرادات أفضل، وهو المجال المحلي غير الرسمي، حيث اهتمت الصحف به، وزادت من المساحات المخصصة له، وتنوعت في إبراز الجانب المحلي عبر التحقيقات واللقاءات والأخبار الصحفية. وهذا ربما يرجع إلى قناعات بدأت تترسخ لدى المسؤولين في الصحف حينها، أن التمايز بين الصحف هو في الحقيقة خاص بالشأن المحلي، باعتبار محدودية الانتشار الخارجي للصحف القطرية، خصوصًا بعد رفع الدعم الحكومي، سواء الدعم المادي المباشر، أو عبر دعم مؤسسة

البريد لها في جانب الاشتراكات، التي ارتفعت رسومها البريدية بنسبة كبيرة وبشكل غير متوقع ومفاجئ أيضًا، الأمر الذي دفع الصحف إلى إلغاء الاشتراكات الفردية لخارج الدولة، بسبب تلك التكلفة المرتفعة.

- **ظهور خدمة شبكة الإنترنت في قطر**

في ظل التنافس المحموم بين الصحف الثلاث على الجانب المحلي، خصوصًا الرياضي منه، بدأت شركة اتصالات قطر «كيوتل» (Qtel) آنذاك، وحاليًّا تسمى «أوريدو» (Ooredoo)، تروِّج لخدمة الإنترنت داخل قطر بشكل تدريجي، ابتداء من عام ١٩٩٦، وهو ما كان يعني فتح باب جديد للانتشار خارج الحدود، وهي ميزة حُرمت الصحف القطرية منها طويلًا، خصوصًا بعد أن ارتفعت رسوم البريد في تلك الفترة بشكل غير معهود، ولم تسلم حتى الصحف والمطبوعات منها، على غير المعتاد والمعروف في أنحاء كثيرة من العالم، إذ إن المتعارف عليه قيام إدارات البريد الحكومية بدعم المطبوعات بشكل عام. فاضطرت الصحف القطرية إلى إلغاء الاشتراكات الخارجية، كما أسلفنا، لأن أسعارها ارتفعت أكثر من ثمانية أضعاف عما كانت عليه!

بدأت أنظار الصحف الثلاث تتجه نحو كيفية الاستفادة من خدمة الإنترنت، واستثمارها بشكل جيد، ولكن كانت محاولاتها خجولة جدًّا في هذا العالم الرقمي، الذي بدأ يتطور سريعًا في العالم كله. فأنشأت الصحف مواقع لها، وكانت عبارة عن صفحات قليلة، هي بعض ما تنشره في النسخ الورقية. وكانت الصفحات الإلكترونية

تزداد وتتطور، وإن كانت بخطى متثاقلة، على الرغم من ارتفاع وعي وإدراك القائمين على تلك الصحف بأهمية الإنترنت، خصوصًا بعد أن بدأت الخدمة تنتشر تدريجيًّا في قطر. ولكن التخوف والتردد كانا يسيطران بعض الشيء على الصحف التي أنشأت مواقع إلكترونية لها على شبكة الإنترنت، من باب الرغبة في اعتبارها إحدى أدوات التطوير التي تستخدمها بين الحين والحين ضمن تنافسها على جذب القراء. ولكن على الرغم من ذلك، فإن الاهتمام الأكبر كان منصبًّا على النسخة الورقية، باعتبارها الأصل في عملها، وما إنشاء النسخة الإلكترونية إلا من باب الرغبة في الوجود، وإثبات الحضور في منطقة جديدة وعدم التغيب عنها، ريثما يتم استشعار أهميتها بعد حين من الزمان.

بدأت صحيفة «الوطن» القطرية مبكرًا، مقارنة ببقية الصحف القطرية، الدخول إلى شبكة الإنترنت، وإنشاء موقع لها على الشبكة، وإن كان الموقع يومها نسخة كربونية للطبعة الورقية، وكان ذلك عام ١٩٩٨. ثم تبعتها «الراية» و«الشرق»، وبعدهما صحيفة «العرب»، مع بدء إعادة إصدارها ورقيًّا أيضًا، وكان ذلك أواخر عام ٢٠٠٧.

بدأ الجميع في دخول المجال الإلكتروني، ولو من أبسط صوره، المتمثلة في إنشاء موقع يعكس بعض، وليس كل، ما تنشره الطبعة الورقية، ليكون متاحًا إلكترونيًّا على الموقع. وكانت تحديثات المواقع عادة تتم في صباح يوم الصدور، بعد أن تكون النسخة الورقية قد أخذت حظها من التوزيع والبيع. واستمرت الصحف القطرية على وتيرة واحدة هادئة، فيما يتعلق بمواقعها الإلكترونية،

واستمرت بالنهج ذاته الذي بدأت به، وهو تحديث الموقع بشكل منتظم بعد توزيع الطبعة الورقية. وقد قامت الصحف بتطوير مواقعها مرات قليلة، في مؤشر على عدم الاهتمام الكافي بالمواقع، لأن جل التركيز والاهتمام كان وما زال منصبًّا على الطبعة الورقية، التي زاد عدد صفحاتها بشكل يومي، بسبب التنافس بينها، لتصل في عام ٢٠١٧ إلى متوسط ما بين ٦٠ إلى ٨٠ صفحة يوميًّا! في الوقت الذي بدأت صحف ورقية في الولايات المتحدة وبعض دول أوروبا تختفي لتتحول بالكامل إلى رقمية.

على الرغم من الاهتمام المستمر الموجه للطبعات الورقية من الصحف القطرية، فإنه مع ذلك لا يمكن تجاهل الجهود المتفاوتة بين صحيفة وأخرى، لدعم مواقعها على الشبكة، حتى لو لم تصل بعد إلى المستوى المأمول، من النوع الذي نتحدث عنه في هذا الكتاب، سواء في النية والتخطيط، أو الواقع الفعلي المؤدي إلى إنشاء صحيفة رقمية تمامًا على الشبكة، تكون لها استقلاليتها وشخصيتها الاعتبارية. وسنقف في صفحات تالية من هذا الكتاب على أسباب هذا التحول البطيء أو هذا التحول المتردد نحو الرقمية، إن صح التعبير.

- **ظهور شبكة الجزيرة الإعلامية**

انطلقت قناة «الجزيرة» القطرية في أواخر عام ١٩٩٦، من العاصمة الدوحة، بعد أشهر قليلة من إلغاء الرقابة الحكومية في قطر على الصحف المحلية. وبدأت القناة تشق طريقها سريعًا، وتلفت الأنظار وتجذب الاهتمام، بسبب أدائها غير التقليدي، فكسبت بذلك

ملايين المشاهدين في أرجاء العالم العربي، وصار اسم «قطر» على لسان كثيرين من العرب، بلا مبالغة، وبدأ الجمهور العربي المتعطش لأداء إعلامي غير مسبوق يترقب هذه الوليدة لتخرجهم من الرتابة والرسمية وما اعتادوا عليه طيلة سنوات من وسائل إعلامهم الحكومية، المرئية والمسموعة والمقروءة.

ذاع صيت القناة عقب أحداث الحادي عشر من سبتمبر ٢٠٠١، وكانت هي المصدر الرئيسي الأشهر لأحداث الغزو الأمريكي لأفغانستان، خصوصًا بعد أن كانت تنشر أخبارًا عن مصادر مهمة في تنظيم القاعدة، لا سيما زعيمها آنذاك، أسامة بن لادن. وقد انفردت بمقابلة حصرية معه، وعلى إثرها صارت هدفًا شبه عسكري للولايات المتحدة، حيث تعرَّض مكتبها للنيران، وتم اعتقال عدد من كوادرها. واستمر الاستهداف الأمريكي للقناة بعد أحداث احتلال العراق عام ٢٠٠٣. ثم لعبت الشبكة، بكل فروعها المتنوعة، دورًا في تغطية واسعة لأحداث الربيع العربي. وتحولت «الجزيرة» في وقت قصير إلى رقم صعب في الإعلام العربي، لا يمكن تجاهله.

بدأت القناة بالتوسع تدريجيًّا، إلى أن صارت شبكة إعلامية متكاملة، تضم مواقع رقمية تامة بلغات عدة، هي: العربية، الإنجليزية، التركية، البلقانية. إضافةً إلى قنوات أخرى كالإخبارية الإنجليزية، والجزيرة أمريكا (وقد أغلقت في ٢٠١٦)، إضافةً إلى قنوات الوثائقية، الجزيرة مباشر، الجزيرة بلقان، ومؤخرًا الجزيرة بلس، باللغتين العربية والإنجليزية.

اتجهت «الجزيرة» إلى الرقمية مبكرًا من خلال مواقعها

الإخبارية باللغات الأربع التي ذكرناها، إضافةً إلى التوسع في المحتوى الرقمي على الشاشة، وفرض وجودها على شبكة الإنترنت من خلال مواقع التواصل الاجتماعي، حيث تعتبر منصاتها من أشهر المنصات الإخبارية العربية، حيث وصل عدد المتابعين لها على منصة «فيسبوك»، حتى تاريخه، إلى أكثر من ٢١ مليون متابع، فيما وصل عدد المتابعين لها، على منصة «تويتر»، إلى أكثر من ١١ مليون متابع. أما منصة «يوتيوب» فيبلغ عدد المشتركين فيها أكثر من مليون وثلاثمائة ألف مشترك. وفي منصة «إنستغرام»، بلغ عدد متابعيها أكثر من مليون ونصف المليون متابع.

دشنت الشبكة أحدث خدماتها المتمثلة في «الجزيرة بلس» (+Aj)، وهي خدمة رقمية تسلط عبرها الضوء على الإنسان، وتمنح شريحة الشباب مساحة للحوار والنقاش، وتسعى إلى تقديم منبر عبر منظور مختلف للأحداث الراهنة. ويتركز هدف «الجزيرة بلس» على الالتقاء بجمهورها عبر جميع المنصات الرقمية، من خلال تقديم مادة صحفية تناسب طبيعة تلك المنصات الاجتماعية، بما فيها «فيسبوك» و«تويتر» و«يوتيوب» و«إنستغرام»، وتطبيق «الجزيرة بلس» على الهاتف المحمول. وحققت فيديوهات «الجزيرة بلس» على جميع منصات التواصل الاجتماعي في عام واحد فقط، أكثر من مليار مشاهدة، منذ انطلاقها في سبتمبر ٢٠١٤ وحتى أكتوبر ٢٠١٥، في حين بلغ المجمل حتى بدايات ٢٠١٧ حوالي عشرة مليارات مشاهدة، منذ أن أطلقتها شبكة الجزيرة الإعلامية في سان فرانسيسكو قبل ثلاث سنوات[٤٥].

لعبت الجزيرة دورًا ضاغطًا على الإعلام المحلي القطري، لا سيما الصحافة. فبعد عقدين من الزمان، وفيما تحلق الجزيرة عاليًا، وأصبح سقفها بلا حدود تقريبًا، وصار اتجاهها نحو الرقمية ملحوظًا وسريعًا، نجد أن وسائل الإعلام المحلية ما زالت في موقف المتفرج الحذر. إذ غالب محاولاتها لمسايرة هذه الجارة مترددة خجولة، على الرغم من أن الجميع في موقع واحد، ومصدر تمويل وطني واحد، حتى بات الجمهور العربي يعرف قطر من «الجزيرة» أكثر مما يعرف عنها من وسائلها الإعلامية المحلية المختلفة، على الرغم من أن الوجود الإعلامي القطري على الشبكة مضى عليه أكثر من عقد ونصف العقد من الزمن، وعلى الرغم من وجود إذاعة وتلفزيون وصحافة من قبل الجزيرة بعقود، الأمر الذي يبعث فعلًا على التساؤل والاستغراب.

هل سيلعب هذا النشاط الرقمي، الحاصل في «الجزيرة»، دورًا فاعلًا ودافعًا للإعلام القطري إلى المنافسة، وأن يحذو حذو «الجزيرة»؟ وهل يمكن اعتبار نشاط «الجزيرة» الرقمي نوعًا من التحدي للإعلام المحلي، لا سيما الصحف اليومية، ويفرض نفسه كواقع لا بد من التعامل معه، شاءت تلك الصحف أم لم تشأ؟

- **الحكومة الرقمية**

أحد التحديات الجديدة التي بدأت تواجهها الصحافة اليومية في قطر، هو التوجه الحكومي المتسارع نحو رقمنة المجتمع، في خطوة حضارية نجدها غالبًا في القطاع الخاص قبل الحكومة، لكن الأمر في قطر يبدو وكأن العكس هو الحاصل.

جاء في إستراتيجية الحكومة الإلكترونية لدولة قطر ٢٠٢٠، إدراكًا منها لأهمية التكنولوجيا، وترجمة هذه الجهود إلى واقع ملموس، أنها ترسم خططها المستقبلية نحو التحول الرقمي، استنادًا إلى أحدث التقنيات التي يمكن توظيفها لتعزيز قدرات الحكومة، وتيسير سبل التواصل بينها وبين شتى فئات المجتمع، ورفع مستوى الشفافية بما يلبي احتياجات الأفراد والشركات.

وقد أسفرت جهود اللجنة التوجيهية التي شكلتها الحكومة، عن وضع الإستراتيجية الوطنية للحكومة الإلكترونية لدولة قطر «الحكومة الإلكترونية ٢٠٢٠»، التي تطمح في رؤيتها إلى استفادة جميع الأفراد ومؤسسات الأعمال من التواصل الإلكتروني مع الجهات الحكومية، التي تسعى دائمًا إلى تقديم خدمات أكثر شفافية وفاعلية[٤٦].

- **الهواتف المحمولة**

قد يبدو غريبًا بعض الشيء اعتبار الهواتف المحمولة من التحديات التي تواجه الصحف القطرية، لكن بعد التأمل في الواقع، والتحول الهائل نحو هذا الجهاز أو الشاشة الصغيرة، التي استطاعت في فترة وجيزة إلغاء أدوار الحاسبات وبقية الشاشات الأخرى، وتحول هذا المحمول الصغير إلى عدة أجهزة في جهاز، وبعد أن تتعرف على الأرقام والبيانات الخاصة بالمحمول، ستدرك كم صار هذا الجهاز تحديًا كبيرًا للصحف الورقية في قطر، ما لم تتنبه إلى الواقع الذي يفرض نفسه، في كل مكان وزمان، وهو الذي انتبهت إليه الحكومة مرة أخرى، وسبقت فيه القطاع الخاص.

ذكرت دراسة أجرتها الجمعية العالمية لمشغلي الهواتف

المحمولة، ونشرتها «القبس» الكويتية في عدد الخامس من مارس ٢٠١٧، أن عدد مالكي الأجهزة المحمولة سيتجاوز ٥ مليارات شخص بحلول نهاية ٢٠١٧، وأوضحت الجمعية، التي كشفت عن هذه الأرقام في اليوم الأول من المؤتمر العالمي للاتصالات (إم دبليو سي)، الذي تنظمه في برشلونة، أن هذه العتبة الرمزية سيتم تجاوزها قبل منتصف ٢٠١٧. وبحلول عام ٢٠٢٠ سيمتلك ٥,٧ مليار شخص هواتف محمولة، أي ثلاثة أرباع سكان العالم، بسبب الوتيرة المتسارعة في آسيا، لا سيما في الهند، التي ستساهم بنصف هذا النمو.

ومن المؤشرات الأخرى على هذا التطور في الاستخدام، تسمح ٥٥٪ من الهواتف المملوكة في العالم بتوفير الاتصال بخدمة الإنترنت النقال من الجيل الثالث أو الرابع، وهي نسبة يتوقع أن تصل إلى ٧٥٪ في عام ٢٠٢٠. ويتوقع أن ينمو الجيل الرابع بسرعة، لينتقل من ٢٣٪ من الهواتف المحمولة إلى ٤١٪ قبل نهاية العقد الحالي.

وقد أكدت الحكومة القطرية، ضمن إستراتيجية الحكومة الإلكترونية ٢٠٢٠، فيما يتعلق بمحور اكتمال الخدمات الإلكترونية، على أهمية وضرورة تطور تطبيقات الهواتف المحمولة، انطلاقًا من مبدأ استيعاب الواقع الحالي لهذا الجهاز، وأهميته في الكثير من التعاملات الحياتية اليومية للأفراد، وكذلك المؤسسات الحكومية والشركات الخاصة، حيث يقدم الهاتف المحمول، بصفة عامة، فرصة كبيرة للتشجيع على زيادة نسبة الخدمات الإلكترونية الحكومية، ويجعل الوصول إلى الخدمات ممكنًا في أي وقت وفي كل مكان.

يعد الهاتف المحمول هو الخطوة التالية على طريق تطور الإنترنت، حيث تعمل الهواتف الذكية، إلى جانب خاصية النفاذ اللاسلكي السريع واسع النطاق والخدمات السحابية، على تمهيد الطريق أمام إيجاد خدمات ذكية للتعرف على الأماكن والمواقع، وهي خدمات تروق للمستخدمين بشكل كبير. ويحدث هذا التطور بإيقاع سريع، ففي عام ٢٠١٣ كان متوسط عدد الهواتف الذكية التي تمتلكها الأسرة القطرية هو ١,٥ هاتف ذكي، وبحلول عام ٢٠٢٠ سوف تكون الهواتف الذكية موجودة في كل مكان تقريبًا. ونظرًا لاعتماد الأشخاص بشكل متنامٍ على الخدمات التجارية على الهاتف المحمول، فإنهم يتوقعون أن تتاح الخدمات الحكومية كذلك على هواتفهم الذكية، ولن يتطلب هذا الأمر أكثر من مجرد جعل الخدمات الحالية تتناسب مع أحجام الشاشات الصغيرة. إذ تجدر الحاجة إلى بذل مزيد من الجهد لمواءمة الخدمة مع هذا الوسيط، وذلك بتسهيل الوصول إلى الخدمات، وتقليل إدخال بيانات المستخدم، حيث إنها تكون مرهقة وعرضة للخطأ على أجهزة الهاتف المحمول. وتمضي الحكومة في دعم سياسة التواصل الرقمي، إذ ترى أن الحكومة الإلكترونية ٢٠٢٠ سوف تؤدي إلى تغيير الطريقة التي تتعامل بها الحكومة مع جمهور المستفيدين، فيتحول التواصل مع المتعاملين من الصورة الورقية إلى الصورة الإلكترونية. وسوف تتيح التعاملات المكتملة عبر الإنترنت، للجهات الحكومية، التواصل مع المستخدمين بطريقة إلكترونية، عبر رسائل البريد الإلكتروني، أو خدمة الرسائل القصيرة، وربما حتى صندوق البريد الرقمي. وستتم صياغة مجموعة

من الإرشادات لتوضيح شروط التواصل بين الحكومة والمستخدم، وضمان أن يتم هذا التواصل بطريقة مناسبة[٤٧].

وفي سياق الحديث عن الهواتف المحمولة وتطور خدماتها، لا سيما التطبيقات، فقد جاء في تقرير المشهد الرقمي لدولة قطر لعام ٢٠١٦، الصادر عن وزارة المواصلات والاتصالات، ما يؤكد ما سبق قوله حول أهمية الهواتف المحمولة اليوم، وأنه إثر الانتشار الواسع لأجهزة الهاتف المحمول الذكية عالميًّا، فقد أطلق عدد كبير من شركات الأعمال في أنحاء العالم، تطبيقات على الهاتف المحمول، إضافةً إلى الحضور على الإنترنت. وقد جاء ذلك بهدف مساعدة العملاء في التواصل بطريقة أفضل، والحصول على المعلومات الخاصة بالمنتج، بما في ذلك السعر، وإصدار أوامر الشراء، وإجراء عمليات الدفع، وتوفير المنتج، والحصول على الملاحظات وآراء العملاء، ومعرفة تفاصيل الفواتير ومتابعة تسليم المنتج.

وأضاف التقرير (حسب إحصائيات ٢٠١٥) أن ٩٧,٥٪ من الأفراد، الذين يعيشون كأسر في قطر، يستخدمون الهواتف الذكية، ومن المتوقع أن يقوم أغلبية مستخدمي الهواتف الذكية باستخدام التطبيقات الجوالة للحصول على معلومات عن المنتجات والخدمات، أو إصدار أوامر الشراء. وسيساعد طرح تطبيقات الهاتف المحمول شركات الأعمال على الوصول بكفاءة إلى الأسواق الكامنة وبطريقة اقتصادية.

وقد أدركت بعض الصحف اليومية أهمية التطبيقات على الهواتف المحمولة، فبادرت في هذا المجال وأنشأت تطبيقات

لتحميل النسخة الورقية على الهاتف المحمول، في سياق السعي نحو تقديم خدماتها لأكبر عدد ممكن من الجمهور بوسائل متنوعة، أملًا في أن تصل يومًا ما إلى التحول التام نحو الرقمية، خصوصًا بعد التوجه الحكومي المتسارع نحو الرقمية، كما أفصحت عن ذلك وزارة المواصلات والاتصالات في العام الماضي، حيث تسعى في خططها لتوسيع مدى الثقافة الرقمية في المجتمع، وتحقيق «شمولية رقمية» بنسبة ١٠٠٪ لجميع فئات المجتمع، بمن فيهم العاملون المؤقتون، وكبار السن، وذوو الاحتياجات الخاصة، وذلك للتوعية بأهمية وفوائد الاتصالات وتكنولوجيا المعلومات.

- **صحافة الهاتف المحمول**

ما زال الحديث مستمرًّا حول الهاتف الذي سحب البساط من تحت أقدام كل الشاشات الأخرى، حيث يأتي هذا الهاتف مرة أخرى بعد تغذيته بعدد من التطبيقات، ليتحول إلى أداة غاية في الروعة. والحديث عن تطبيقات الهاتف المحمول، لا بد أنه سيفضي إلى الحديث عن مهارة جديدة، في ظل التطورات التقنية، والتي أعتبرها من التحديات الجديدة للصحف، وفي الوقت ذاته من الوسائل والتقنيات الرائعة التي لا بد لهذه الصحف من استثمارها، وهي ما اصطلح على تسميتها بـ«صحافة الهاتف المحمول». وقد بدأ عدد من المؤسسات الإعلامية استثمارها، وفكرتها قائمة على جمع الأخبار، وما يتعلق بها من صور وأفلام، ونشرها بشكل فوري أو بحسب جدولة معينة، عبر استخدام الصحفيين لهواتفهم المحمولة التي تكون مشتملة على عدد من التطبيقات الخاصة بتحرير النصوص والأفلام.

ومن مميزات هذا النوع من العمل الصحفي: قلة التكلفة، لأن أي صحفي اليوم يمتلك هاتفًا خاصًّا، لا سيما من نوع «آيفون٦» وأعلى، وهذه الأجيال من هواتف «الآيفون» تتيح التصوير والتحرير ومعالجتهما، وتحميل الفلم المطلوب بتقنية «k4» ذات الجودة العالية للصورة، وهي أدق وأكثر جودة من تقنية «HD» التي تستخدمها الكاميرات التلفزيونية لدى المؤسسات الإعلامية. وبالإضافة إلى ميزة قلة التكلفة، هناك ميزة أخرى تتمثل في سهولة التحرك، لا سيما في المناطق المزدحمة، أو صعبة التنقل بالمعدات الثقيلة، كما هي الحال مع مراسلي القنوات الفضائية. ففي أوقات الكوارث مثلًا أو الحروب، فإن التنقل بهاتف محمول أسهل بكثير وأكثر أمانًا مما لو تحرك فريق يحمل معدات ثقيلة ولافتة للأنظار، خصوصًا في مناطق الحروب التي تعاني من مشكلات أمنية.

ومن مميزات صحافة الهاتف المحمول أن الهواتف الذكية الحالية بها تطبيقات تتيح البث المباشر من دون معدات كثيرة أو إجراءات تقنية، حيث تجد اليوم عددًا من منصات التواصل الاجتماعي قد أتاحت خدمة البث المباشر، وذلك من خلال هاتف محمول وتطبيق مناسب، فتحولت تلك المنصات إلى فضائيات، ويمكن من خلالها الوصول إلى مئات الألوف من الجمهور.

لقد لعبت صحافة الهاتف المحمول دورًا في تمكين الصحفي المحترف أكثر فأكثر، وساعدت كذلك على ظهور ما يمكن تسميته بالمواطن الصحفي، حيث صار بإمكان كل من يرغب في إيصال رسالة إعلامية معينة القيام بالعمل مع قليل من الخبرة والمهارة، وصارت

كبريات المؤسسات الإعلامية تطور مواقعها الرقمية، وتتيح المجال لنشر ما ينتجه الناس من دون تخطيط مسبق من المؤسسة، وبذلك استطاعت تلك المؤسسات التواصل الفاعل مع الجمهور، وحوَّلت هذا الجمهور ليكون إيجابيًّا فاعلًا، بعد أن كان سلبيًّا يتلقى الرسائل الإعلامية بغير أن يتفاعل معها، أو أن يكون له دور في صناعتها.

الصحف القطرية وأسباب بطء التحول إلى الرقمية

لا شك أن عدم تحول الصحف القطرية بشكل سريع إلى رقمية تمامًا يرجع إلى أسباب متنوعة، سنحاول الوقوف عليها ومناقشتها بشيء من التفصيل:

- **الأمية الرقمية أو الإلكترونية**

على الرغم من الانتشار الواسع للأجهزة الرقمية بين السكان في قطر، لا سيما الهواتف المحمولة وأجهزة اللوحيات الإلكترونية مثل «آيباد»، فإن كثيرين يتعاملون بنوع من الحساسية أو الخوف مع أجهزة الحاسب الآلي، سواء المكتبية أو المحمولة، الأمر الذي يعيق ويخيف في الوقت نفسه المؤسسات الصحفية للتحول إلى الرقمية وإلغاء الورقية.

ومع استثناء فئة الشباب من مسألة الأمية الرقمية، فإن الفئة العمرية من ٤٠-٦٠ عامًا مثلًا، وإن كانت تتعامل الآن مع بعض الأجهزة الرقمية، إلا أن تعاملها مع الصحف اليومية ما زال ذاك التعامل الذي كان منذ سنوات طويلة مضت. الشعور ما زال هو نفسه، ابتداءً من لمس الورق وشم رائحته وأحبار الكتابة، وانتهاءً

بأجواء الاسترخاء في البيت مساء كل يوم لمطالعة الصحيفة الورقية، أو صباح كل يوم في مكاتب العمل. إنها أجواء وأحاسيس لم تستطع الفئة التي نتحدث عنها ولا الصحف أيضًا، المغامرة والتضحية بها والتوجه نحو الرقمية الكاملة.

- **شركات الاتصال**

تلعب شركات الاتصال دورًا مؤثرًا في دفع الصحف نحو الرقمية، أو العكس من ذلك، وجعلها تتباطأ وتتردد. وعلى الرغم من انتشار خدمات الإنترنت حول العالم، بشكل ميسر وسهل جعل التكلفة تقل بشكل كبير عما كانت عليه قبل عقد من الآن، فإن تكاليف الخدمات ما زالت في حاجة إلى مراجعة، مقارنةً بالتكلفة في الدول المتقدمة، الغربية منها والشرقية. وفي قطر، كما في غالبية دول مجلس التعاون الخليجي، ما زالت أسعار خدمات الإنترنت مرتفعة، وقد حللت «مجموعة المرشدين العرب» (Arab Advisors Group)، في دراسة وافية، أسعار خدمة الإنترنت عالي السرعة عن طريق «ADSL»، في تسع عشرة دولة عربية، وتبين أن المغرب وتونس لديهما أرخص الأسعار، والعراق والسودان لديهما أغلى الأسعار، وتصدرت دول مجلس التعاون الخليجي مقياس الكلفة النسبية، مع أن أسعار خدمة الإنترنت عالي السرعة «ADSL» في هذه الدول ليست متدنية بالمطلق، إلا أن حصة الفرد من الناتج المحلي الإجمالي كانت الأعلى، وهذا هو أحد أسباب عدم تخفيض أسعار الخدمة بشكل ملحوظ من قِبل المشغلين في هذه الدول، لأن الطلب على هذه الخدمة مضمون مع أن الأسعار أعلى نسبيًّا[٤٨].

إن مقارنة سريعة لأسعار الإنترنت في عدد من دول العالم، بالمواصفات والباقات والسرعات نفسها، تخبرنا أن تكلفة الخدمة مرتفعة في قطر، مقارنةً مع دول كثيرة في العالم، على الرغم من أن شركات الاتصال تعتمد، بشكل كبير أساسًا، على المقيمين غير المواطنين في قطر، وهم في ازدياد مستمر ونسبتهم كبيرة مقارنة بالمواطنين، حيث بلغ تعداد السكان في قطر حتى فبراير ٢٠١٧، كما جاء في بيان وزارة التخطيط التنموي والإحصاء، (٢,٦٧٣,٠٢٢)، منهم حوالي ٨٨٪ من المقيمين، في مؤشر دال على أن نسبة كبيرة من السكان هم من العمالة الوافدة، وتعتمد شركات الاتصال في قطر عليها لتحقيق أرباحها، عن طريق استهلاكها لخدمات الاتصال، سواء عبر المكالمات المباشرة، أو عبر برامج ظهرت مؤخرًا على شبكة الإنترنت، ولاقت إقبالًا كبيرًا من تلك الفئة. وهذا ما يدعو شركات الاتصال أن تعيد النظر في رسوم خدمات الإنترنت، التي تقدمها مجانًا في مواقع عامة، ولكن ذلك لا يغني عن توفير الخدمة لجميع المواقع؛ المنازل ومقار العمل المختلفة، وبأسعار مناسبة، خصوصًا مع التوجهات الحكومية الداعية إلى رقمنة أغلب الخدمات المقدمة إلى الجمهور، الأمر الذي يفرض وبقوة على شركات الاتصال التعاون في هذا المسعى، ولا شك أن الصحف القطرية ستكون مستفيدة أيضًا منها، في حال التوجه نحو الرقمية التامة مستقبلًا.

في مقارنة سريعة لأسعار خدمات الإنترنت الشهرية لـ١٠ ميغا بايت في الثانية بقارة آسيا، سنجد في اليابان مثلًا تكلفة الخدمة تبلغ حوالي ١٤٠ ريالًا في الشهر، وفي ماليزيا ١٣١ ريالًا، وفي هونغ كونغ ١٠٠ ريال، وتقل التكلفة لتصل في تركيا إلى ٥٦ ريالًا شهريًا،

أما في فيتنام فهي الأقل بتكلفة ٣٩ ريالًا في الشهر[٤٩]. أما في قطر، فهي من أغلى أربع دول في آسيا، حيث تبلغ التكلفة الشهرية لـ١٠ ميغا بايت في الثانية ٢٥٠ ريالًا في الشهر. ولا أجد أن قلة عدد المشتركين في قطر، مبرر مقبول لشركة الاتصالات في أن تبالغ في رفع سعر الخدمة، مع أن العدد في ارتفاع مستمر، بدليل أن عدد مستخدمي الإنترنت في قطر قد تضاعف ٧٠ مرة: فمن ٣٠ ألف مستخدم عام ٢٠٠٠، وصل عدد المستخدمين لخدمات الإنترنت في ديسمبر ٢٠١٦ إلى حوالي ٢,٢٠٠,٠٠٠ مستخدم، الأمر الذي من المفترض أنه يدعو إلى تخفيض التكلفة، وهو المنطق الصحيح.

- **الرقابة**

ما زال الرقيب، أو حالة الرقابة، أو استشعار حالة المراقبة، يؤثر على غالبية وسائل الإعلام في قطر، حتى لو لم يكن لهذا الرقيب وجود فعلي، كما كان قبل عام ١٩٩٥، السنة التي تم فيها إلغاء الرقابة الحكومية على الصحف. فقد نشأت الصحف على ثقافة الرقيب لسنوات طوال، ولم تستطع إلى الآن التخلص من عقدة الرقيب، على الرغم من تطور وسائل الاتصال وشيوع ثقافة الفضاءات المفتوحة، التي يستطيع من خلالها من شاء قول ما شاء في أي وقت شاء، وعبر أي نقطة معينة على شبكة الإنترنت.

قد يكون مقبولًا وجود مثل هذه الروح في الصحف الورقية، باعتبار النشأة والاعتياد على نهج أو نظام معين، ولكن أن يكون الأمر كذلك مع المواقع الإلكترونية التي نشأت أصلًا في زمن اختفى فيه الرقيب، فهذا أمر محير وغير مبرر. وربما تكون المواقع الإلكترونية

للصحف القطرية، ولأنها مرآة عاكسة للنسخة الورقية، قد وصلها فيروس الحذر والرقابة الذاتية الصارمة المعيقة للانطلاق والإبداع، وانتقل إليها من النسخ الورقية إلى الرقمية. وهذا أمر يساعد على التباطؤ الملحوظ في الصحف القطرية للتحول إلى الرقمية بشكل واضح.

هناك شعور لدى مسؤولي الصحف القطرية، بأنه ما دامت الرقابة الذاتية، التي هي أكثر صرامة من تلك التي كانت في زمن الرقيب الحكومي، موجودة إلى الآن في النسخ الورقية، فما الجدوى إذن أن تتحول إلى الرقمية وتنتقل تلك الروح إليها، في فضاء واسع يتمدد كل حين، ولا وجود لحواجز ورقابات وعوائق؟ ما جدوى أن تطل على العالم مع تلك الروح؟ وما الضامن أن تكسب قراء إلكترونيين جددًا؟ بل كيف تحافظ على قرائها الورقيين في الوقت نفسه؟

إن مثل ذلك الشعور بدأ يزداد أكثر مع دعوات تُطلق هنا وهناك في العالم العربي، حول ضرورة وأهمية إخضاع الإعلام الإلكتروني للرقابة الحكومية، وضرورة وضع قوانين لا تختلف عن تلك الموضوعة للصحافة الورقية، وبما يتناسب مع نوعية الإعلام الجديد، وهي في نهاية المطاف قوانين تريد ضبط وتوجيه هذا النوع من الإعلام، الذي انطلق سريعًا من دون وجود الإمكانيات التي يمكن بها احتواؤه والرقابة عليه أيضًا، كما يحدث مع الصحف الورقية.

- **ندرة الكفاءات الإلكترونية**

حين أصف الكفاءات بالإلكترونية، فإنما أعني ذلك تمامًا. ذلك أن الكفاءات الماهرة بالتحرير الإعلامي قد تكون موجودة، سواء

على المستوى المحلي أو الخارجي، لكن أن تجد الكفاءة الإعلامية والإلكترونية معًا فهو التحدي. ولعل إحدى مشكلات الصحف الورقية على المستوى العربي، ومنها القطري، هي ندرة الكفاءات الإعلامية الإلكترونية، تلك التي تتقن العمل الصحفي وفنونه، وتمتلك أدوات العصر الحديثة المتمثلة في مهارات التعامل مع الأجهزة الرقمية، ومهارات البحث والنشر على الشبكة، وقبل ذلك كله الشغف بكل ما هو جديد في عالم النشر والتحرير الإلكتروني، وإن كان هذا لا يمنع أن الوعي بدأ يزداد لدى غالبية الصحف الورقية بأهمية التقنيات الحديثة في العمل الصحفي، وزادت نسبة استخدام الوسائل الإلكترونية، وإن كان المطلوب هو التحول التام عن الورق واستخداماته في العمل الصحفي.

وعلى الرغم من أن هناك بعض التفاوت بين الصحف، في مسألة الاستعانة بكوادر مؤهلة للعمل الصحفي الإلكتروني، فإنه لا توجد صحيفة يمكنها خوض التجربة الرقمية تمامًا، بسبب هذا التحدي الموجود حاليًّا عندها، والذي لم أجد تلك الجدية في مواجهته من قبل الصحف نفسها، بدليل الاهتمام المتزايد بالنسخة الورقية، واستمرار توظيف الكوادر بالشروط نفسها التي كانت مطلوبة ربما قبل عقد من الآن، بل ليس غريبًا أن تجد إلى الآن، في الصحف اليومية، من يستخدم الأوراق والأقلام في إنتاج مادته الصحفية، ليقوم آخرون بتحويل مادته المكتوبة بالحبر إلى مادة رقمية، وربما وجدت جُل علاقته بالشبكة هي زيارة مواقع معينة اعتاد عليها، بغير رغبة كبيرة في تطوير نفسه ليستحق وصف الصحفي الإلكتروني.

أمام هذا التحدي غير المعالج بشكل جاد، من قبل الصحف،

أستطيع القول إن التحول إلى الرقمية لن يكون سهلًا على أي صحيفة، وإن أرادت فعليًّا ذلك، إذ ليس منطقيًّا أن يتم توظيف جيش من العاملين التقنيين إلى جانب الصحفيين لإنتاج صحيفة رقمية بديلًا عن الورقية، ولا شك أن المستثمرين سيفزعهم هذا الأمر، نظرًا لتكلفته العالية، التي يمكن اعتبار سوء التخطيط والإعداد الإستراتيجي لهذا التحول أهم أسباب ارتفاعها، وبالتالي الرغبة في البقاء ورقيًّا إلى أن يقضي الله أمرًا كان مفعولًا.

- **عقلية النشر الورقي**

ما زالت الصحف القطرية تعمل وفق الذهنية أو العقلية الورقية، بمعنى أنها تنتج وتحدِّث صفحاتها الإلكترونية فعلًا، ولكن بالعقلية نفسها التي تدير بها الصحيفة الورقية. وقد تحدثنا سابقًا عن الفرق بين قارئ الصحيفة وهو يتحسس ورقها، ويشم رائحتها، وبين من يقرؤها عبر جهاز المحمول أو الحواسيب والأجهزة المحمولة الأخرى المتنوعة.

والموضوعات الصحفية المتنوعة ما بين الحوارات والتحقيقات وغيرها، تُنشر على المواقع الإلكترونية كما هي في النسخ الورقية، فقارئ الصحيفة الورقية، كما ذكرنا، يختلف عن قارئ الصحيفة الرقمية: الأول ما لجأ إلى الورقية إلا لوفرة من الوقت عنده، وفسحة من المكان تساعده على التصفح، فيما الثاني، لا المساحة المكانية ولا الزمنية تساعده على ذلك، وبالتالي لا بد أن تختلف طرق تقديم المواد الصحفية في النسختين. وهذه ملاحظة لا بد من التنبه إليها من قِبل الصحف القطرية جميعًا.

الفصل الثامن
مستقبل النشر الإلكتروني

هناك أسئلة تقليدية صارت تتردد، كلما تحدث أو كتب أو ناقش أحدٌ مسائل تتعلق بالنشر الإلكتروني، ومنها الصحافة الرقمية، تقول: هل جاءت الصحافة الرقمية لتلغي الورقية؟ ما مستقبل الصحافة التقليدية في ظل تسارع وتيرة نمو نظيرتها الرقمية، في عالم يتطور سريعًا، وتتطور معه تقنيات الاتصال ونشر المعلومات؟ هل يعني ظهور الصحافة الرقمية إفلاس الورقية ومن يعملون فيها، هؤلاء الذين بدأوا حياتهم المهنية في الصحف ولسنوات طوال، وقد اعتادوا على أساليبها وأخلاقياتها؟

الأسئلة أكثر من أن نحصرها ها هنا، ولكن لنبحث في هذه المسألة بعض الشيء.

هل جاءت الصحافة الرقمية لتلغي الورقية؟

إن السؤال ليس ما إذا كانت الصحف الإلكترونية تنافس الورقية، لأن الجواب بات بديهيًا، وذلك منذ أن تنبأ الباحث الألماني «فيليب ماير» (Philip Meyer)، من المعهد الألماني لأبحاث الميديا والاتصالات، في كتابه بعنوان «الصحافة الزائلة» (The Vanishing

Newspaper)، الذي أصدره عام ٢٠٠٤، بزوال الصحافة المكتوبة التقليدية في مطلع عام ٢٠٤٠، واعتبر الباحث أن الصحافة الورقية الحالية ليست أكثر من مرحلة انتقالية في مستقبل الصحافة المحسوم للصحافة الرقمية. وتنبأ في ضوء التطورات التقنية الأخيرة أن تسود في البداية صحف رقمية من رقائق إلكترونية تشبه الصحيفة الورقية، حتى يتم الانتقال تمامًا إلى شكل لا يمكن التنبؤ به الآن من أشكال الصحافة الرقمية. ودعا الباحث إلى تحسين نوعية الصحافة الورقية بدلًا من نبذها، لأن مستقبل الصحافة يكمن في تطورها، فالصحف الورقية التي ستضطر للانتقال إلى الشبكة لا بد أن تنقل نوعيتها معها كي تستمر. واعتبر مرحلة الانتقال من الصحافة الورقية إلى الرقمية فرصة رائعة للمؤسسات الصحفية لتقليص تكلفة الورق والطباعة والنقل والتوزيع، التي تشكل عادةً ثلث تكلفة الدور الصحفية. ولن تتقدم هذه المؤسسات في النجاح ما لم تقتصد في التكلفة لتوظف الفائض في تحسين نوعية الصحافة الرقمية.

ولم تتوقف الأدبيات التي تتنبأ بالخطر الذي يتهدد الصحافة الورقية، بعدما تشابهت عناوينها، مثل:

- ثورة الإنترنت ومستقبل الصحف المطبوعة الإلكترونية في العالم العربي.
- الصحافة الورقية في ظل الثورة الرقمية.
- تحديات الإعلام الإلكتروني.
- المستقبل يشير إلى تقدم الصحافة الإلكترونية وتراجع الورقية.
- بداية انهيار الصحافة الورقية.

أما الاستمرار في ترديد الكلام عن متعة الصحافة الورقية وملمسها ورائحتها، فهو من دون شك سيصبح كلامًا غاية في الرومانسية بعد حين من الدهر لن يطول، وسيكون هذا الحديث بعيدًا عن الواقعية، خصوصًا مع ما نشاهده من وسائل تقنية جديدة تتطور بشكل سريع غير مسبوق في تاريخ البشرية.

تكامل الوسائل الإعلامية

إن المتأمل لتطور وسائل الإعلام تاريخيًّا، سيجد أنه لم تأتِ وسيلة إعلامية لتلغي أخرى سابقة لها، بل إن كل ما يحدث هو إما تكاملًا بين الجديدة والقديمة بصورة أو بأخرى، أو أن كل وسيلة سوف تستمر في عملها، مع تأثير واضح من دون شك على الأقدم.

لقد جاء الراديو مثلًا، ثم السينما، وبعدها التلفزيون، ثم جاءت الصحافة، والآن نعيش عصر الإنترنت، ووسائل التواصل المتنوعة، التي تتنافس في تقديم الأسرع والأجود والأفضل من الخدمات. ولا ندري ما يحمل المستقبل القريب أو البعيد من جديد. لكننا مع كل هذا التطور الملموس على الساحة الإعلامية، لم نشاهد اختفاء أي وسيلة، حتى وإن قل تأثير البعض بلا شك، ولكن الجميع ما زال يؤدي دوره بصورة أو بأخرى.

هذه حقيقة أولى مهمة لا بد من الإشارة إليها ونحن بصدد الحديث عن مستقبل الصحافة الإلكترونية أو الرقمية. أما الحقيقة الثانية، والتي لا تقل أهمية عن الأولى، فهي أن جُل وسائل الإعلام الحالية، وبعد أن أذهلتها سرعة توسع شبكة الإنترنت، وزيادة عدد

المواقع الصحفية، بدأت في تطوير عملها، والعمل على البقاء في دائرة الاهتمام والضوء.

نجد اليوم الإذاعات والفضائيات والصحف الورقية قد طورت من وسائل التواصل مع الجمهور، فكل وسيلة تحاول كسب أكبر عدد ممكن من الجمهور، أو على أقل تقدير، المحافظة على جمهورها من الذوبان في عالم الإنترنت. ذلك أن الصحف الرقمية التامة استطاعت أن تدمج عمل الراديو والتلفزيون والصحيفة الورقية، وتقدمه في صورة رقمية، يمكنها الانتشار من دون عوائق أو حواجز زمنية أو جغرافية. وأصبحت الصحف الرقمية أشبه بالمنتجات الإلكترونية التي نشاهدها في الإعلانات التجارية، من قبيل ثلاثة في واحد، بمعنى ثلاثة أجهزة في جهاز واحد، فكذلك الرقمية، دمجت الوسائل الثلاث معًا في وسيلة واحدة، هي ما نراه ونسمعه ونقرؤه في مواد الصحف الرقمية.

حين يتم طرح موضوع مستقبل الصحافة الورقية في المجالس والتجمعات الإعلامية، فإن الآراء تتعدد وتتنوع، حيث يرى فريق أن الصحف الرقمية ستكون بديلًا عن الصحف الورقية المطبوعة عاجلًا أم آجلًا، ويدللون على ذلك بتوقف واختفاء الكثير من المطبوعات الورقية في السنوات الأخيرة في عدد من الدول المتقدمة، مع تراجع واضح لأرقام توزيع الصحف، وتراجع عائداتها الإعلانية، لصالح الوسائل الإلكترونية المستحدثة، حيث ستتمكن الصحيفة الرقمية، مثلًا، من تقديم نطاق واسع من الخدمات التي لا تستطيع الصحف المطبوعة أن تقدمها.

بينما فريق ثانٍ يؤكد أن الصحافة الرقمية لن تكون أبدًا بديلًا عن

الصحافة الورقية المطبوعة، لأن تاريخ وسائل الإعلام التقليدية لم يُشر إلى ذلك، ومن المتوقع أن تسير صناعة الصحافة الورقية جنبًا إلى جنب مع الصحافة الرقمية على شبكة الإنترنت، مع توقعات تزايد الصحافة الورقية للاستفادة من خدمات شبكة الإنترنت.

وهناك فريق ثالث يرى أن الوقت ما زال مبكرًا للحكم على مستقبل الصحافة الورقية، أو الرقمية، لكن من المؤكد وجود تأثيرات عديدة، بسبب هذه التحولات في عالم الاتصال والمعلومات، ستجبر الورقية على الانكفاء على الذات، إن صح التعبير، والاتجاه أو التقوقع نحو المحلية أو التخصصية.

ليس بدعًا من القول، أن نؤكد على فاعلية وقوة تأثير الصحافة الرقمية على المجال الإعلامي العالمي، وأنها أُصبحت الآن مهنة قائمة بذاتها، بل بدأت عروض العمل والطلب تزداد على أصحاب الخبرة والمتخصصين في هذا المجال، من فنيين وصحفيين، في وقت تشهد هذه الصحافة نموًّا كبيرًا لقطاع الإعلان على شبكة الإنترنت، بشكل جعل من هذه الصحف مشاريع جاذبة للاستثمار في مجال الإعلام. ولا شك أن هذا الأمر ساهم في خلق فرص عمل إضافية للصحفيين المتخصصين أصحاب المهارة في التعامل مع وسائل العصر الرقمية المتطورة، بل ويرى بعض المتحمسين المتفائلين بمستقبل زاهر للصحافة الرقمية، وأنا أحدهم، أنه يمكن اعتبارها حلًّا مستقبليًّا قريبًا للعديد من المشكلات التي تتعرض لها وسائل الإعلام المختلفة، بسبب عزوف عدد كبير من القراء أو المشاهدين عنها إلى شبكة الإنترنت.

لن يكون غريبًا أن تتغير الوقائع الحاصلة اليوم، بحيث تتحول الصحف الرقمية - بعد أن يشتد عودها، وهذا قريب جدًّا - إلى مصدر دخل كبير ورئيسي، يدفع بالمؤسسات الصحفية التي تنتج طبعات ورقية إلى الاعتماد على طبعاتها الرقمية في تمويل الورقية، وينقلب الوضع.

لقد أدى نجاح تجربة «نيويورك تايمز» على الشبكة إلى إطلاقها موقعًا رديفًا، سمَّته «نيويورك توداي» (New York Today)، وهو أشبه بدليل لمعالم مدينة نيويورك، يقدم كل ما يحتاج إليه الزائر أو المقيم في المدينة من معلومات، بدءًا من دليل الهاتف وعناوين المطاعم وبرامج التلفزيون، ومرورًا بحالة الطرق وخرائط الأحياء والشوارع، وانتهاءً بما يحدث في المدينة من أنشطة ثقافية وترفيهية مختلفة. وكذلك فعلت «واشنطن بوست» وغيرها من كبريات الصحف في أمريكا وبريطانيا، وعدد من الصحف في الغرب. تلك المواقع أصبحت شركات شقيقة تدار من قِبل طواقم متخصصة، لها إداراتها المستقلة، من التحرير والإعلان والتسويق، وأصبح عدد من هذه المواقع يدر أرباحًا على مالكيه لا تقل في أحيان كثيرة عن أرباح أنشطة النشر التقليدي.

كما أنه ليس غريبًا، بعد حين قصير من الدهر، أن تتحول المواقع الشخصية أو المدونات مثلًا، إلى مصادر رئيسية لكثير من وسائل الإعلام التقليدية، من صحف وإذاعات وتلفزة. إذ يمكن لتلك المدونات أو المواقع الشخصية أن تلعب أدوارًا إيجابية في دعم أخبار وموضوعات تلك الوسائل، وتتحول إلى ما يشبه المراسلين

في كل بقاع الأرض، لا سيما في المناطق التي يصعب الوصول إليها بسرعة، أو بصعوبة، كمناطق الأزمات والحروب والكوارث. وقد أشرنا إلى ذلك سابقًا فيما يُعرف بـ«صحافة المواطن» أو «المواطن الصحفي»، الذي ليس عليه سوى الإلمام ببعض مبادئ الكتابة، والتعامل مع الرقميات المتخصصة في الكتابة والتصوير وأدوات الإنترنت المختلفة، ليتحول بعدها إلى جهة إعلامية مستقلة متحركة، بل ونشطة أيضًا، ومن دون تكاليف باهظة على الجهة المستفيدة من خدمات المواطن الصحفي.

إن أي متابع للتطورات التي تحدث في وسائل الإعلام المختلفة، لا سيما الرقمية، سيدرك على الفور حجم تأثير شبكة الإنترنت وزخمها الكبير، وتأثير ذلك على المنافسين لها، وأن هناك مؤشرات كثيرة لاحت في الأفق، تقول إن المستقبل للرقمية أيًّا كانت الوسيلة.

يبدو لنا مما سبق، أن الصحف الرقمية هي السباقة في هذا المجال، وسيكون لها التأثير الأقوى مستقبلًا، وستقود مسيرة الإعلام أيضًا، ويؤيد ذلك ما هو حاصل الآن، ويستشعره كل متعامل مع الحياة الرقمية، فقد أصبحت الصحف الرقمية سهلة التداول، وتزداد سهولة مع الانتشار الواسع للتكنولوجيا، أو التقنية وأجهزة الحاسب المتنوعة، مع تطور الهواتف المحمولة أيضًا، وظهور أجهزة لوحية جديدة لها القدرة على الإبحار عبر الشبكة، وتصفح ما تشاء من صحف أو كتب وغيرهما، وقلة تكلفة تلك الأجهزة بشكل نسبي، مع سرعة توفير الخدمة الإعلامية وانتشار المعلومة عبر القارات، متخطية حواجز الزمان والمكان، مع إضافة غاية في الأهمية إلى

ما سبق من عوامل نجاح الرقمية مستقبلًا، وهي قدرة القارئ على امتلاك حق التعبير وإبداء الرأي، وهو الأمر الذي وفرته له الصحف الرقمية بشكل فعلي وفاعل.

ويمكن القول إنه حتى اليوم ما زال للصورة أثرها وبريقها وجاذبيتها. لكن مع التطور الحاصل في تقنيات وبرمجيات تنقية الصورة التلفزيونية التي تُبث عبر شبكة الإنترنت، فلا أجد بُدًّا للتلفزيون سوى التنحي، وإفساح الطريق أمام الرقمية، وآخر أوراق التلفزيون هي الصورة النقية المباشرة التي ستكون في متناول الصحف الرقمية عما قريب، الأمر الذي يؤكد أنه بعد سنوات قليلة جدًّا ستكون الصحف الرقمية هي الوحيدة في الساحة الإعلامية الجماهيرية، وربما تستمر طويلًا من دون منافس، حتى يأذن الله بخروج منتج أو وسيلة إعلامية تفوق الرقمية بكثير.

مبادئ عامة للعمل الرقمي

لا شك أن ظهور الصحافة الرقمية أثار قضايا شائكة، وطرح تساؤلات مهمة، من قبيل الرقابة على المادة المنشورة إلكترونيًّا، ومسألة حرية الصحافة في مثل هذه البيئات الجديدة التي لا سقف محددًا لها، ومعاييرها التي تبدو مختلفة عن المعايير التي يلتزم بها الصحفي في الصحافة التقليدية، إضافةً إلى التفكير بشأن النشر الإلكتروني، وهل سيكون منفذًا أو بديلًا لمن تُوصد الأبواب في وجهه، ويُمنع من حق الحصول على إصدار مطبوعة ورقية؟ وهل سيلغي النشر الإلكتروني مصطلحات الصحف الإقليمية والمحلية

والوطنية، وغيرها من مسميات ارتبطت بجغرافية مواقع إصدارها، على عكس المنشورات الرقمية التي لا جغرافية محدودة لها؟ وهل ستصبح الصحف الرقمية بديلًا فعليًّا لكثير من قراء الصحف الورقية، فينخفض بذلك تأثير الأخيرة على قرائها، وتقضي بالتالي على الصحافة التقليدية؟ وهل يمكن أن تحقق الصحف الرقمية التزامها بالمعايير الأخلاقية؟ وغيرها من تساؤلات مشروعة ومنطقية، في ظل هذا التحول العظيم الحاصل في عالم الصحافة.

ما سبق طرحه من أسئلة يمكن اعتباره هواجس تشغل أذهان العاملين والمسؤولين في الصحف الورقية، بشكل كبير. وقد قامت «هيئة تحرير راديو عمَّان» بعمل رائع ومقدر، حيث وضعت مبادئ لخدمة الصحافة الرقمية وصحفييها، بهدف دعم المقاييس والمعايير المهنية في الصحافة الرقمية: من إذاعة وتلفزيون وصحافة وإنترنت، وذلك لتعزيز فهم الجمهور وثقته بها، وتقوية مبادئ الحرية الصحفية في جمع وتوزيع المعلومات. حيث يرى المهتمون بالأمر أنه يتعين على الصحفيين الإلكترونيين، إن صح التعبير، العمل كأمناء على مصلحة الجمهور في بحثه عن الحقيقة، ونقلها بإنصاف وصدق واستقلالية، والشعور بمسؤولية أعمالهم، خصوصًا أن المستقبل بلا شك سيكون لصالح هذا النوع من الصحافة أو الإعلام. وبالتالي كلما ازدادت ثقة القراء بهذا القادم الجديد، بأنواعه المختلفة، تعزز موقعه وزاد نفوذه وانتشاره وقبوله أيضًا.

من هذا المنطلق، وكما وضعت «هيئة تحرير راديو عمَّان» المبادئ العامة لهذا العمل الرقمي الجديد، فيمكن القول إنه يجب

على كل صحفي إلكتروني أن يشعر ببعض المسؤولية الاجتماعية، والتي يمكن تحديدها في النقاط التالية:

- إدراك أن أي التزام، عدا خدمة الجمهور، من شأنه أن يُضعف الثقة والمصداقية.
- إدراك أن خدمة المصلحة العامة تستوجب الالتزام، بكل ما يعكس تنوع المجتمع، وحمايته من التبسيط الزائد للقضايا والأحداث.
- توفير نطاق واسع من المعلومات، لتمكين الجمهور من اتخاذ قرارات مستنيرة.
- السعي، وبإصرار، للحصول على الحقيقة، وتقديم الأخبار بدقة، وفي سياقها، وعلى أكمل وجه، ومن دون تشويه، مع اجتناب تضارب المصالح.
- الكشف عن مصدر المعلومات بوضوح، والإشارة إلى جميع المواد المأخوذة عن وسائل إعلامية أخرى، من دون سرقة من الغير، ومن دون كذب.
- عدم التلاعب بالصور والأصوات، وإعلام الجمهور إن سبق عرضها.
- التعامل مع موضوعات التغطية الإخبارية، باحترام وصدق، وإظهار التعاطف الخاص مع ضحايا الجرائم أو المآسي، والأطفال.
- إعداد تقارير تحليلية مبنية على فهم مهني، وليس على انحياز شخصي.
- احترام الحق في محاكمة عادلة للمتهمين.

- التعريف بمصادر المعلومات، كلما أمكن ذلك. ويمكن استخدام المصادر السرية، فقط، عندما يكون جمع أو نقل المعلومات المهمة في المصلحة العامة، أو عندما يؤدي جمع أو نقل المعلومات المهمة إلى إلحاق الأذى بمصدرها. وفي هذه الحالة يجب الالتزام بحماية المصدر السري.
- استخدام الأدوات التقنية بمهارة وتفكير، مع تجنُّب التقنيات التي تشوه الحقائق، وتزوِّر الواقع، وتخلق إثارة من الأحداث، مع الإشارة إلى الرأي والتعليق.
- عدم المشاركة في أنشطة قد تؤثر على صدقية واستقلالية الأخبار.
- جمع ونقل الأخبار، من دون خوف أو تفضيل، ومقاومة تأثير أي قوى خارجية، ومن بينها المعلنون، ومصادر المعلومات، وعناصر الخبر، والأفراد ذوو النفوذ، والجماعات ذات المصالح الخاصة.
- مقاومة أية مصلحة شخصية، أو ضغط من الزملاء، يمكن أن يؤثر على الواجب الصحفي وخدمة الجمهور، حتى لو كان مالك المؤسسة، لأن هذا من حقوق حرية الصحافة.
- السعي للحصول على دعم أوفر، لفرص تدريب الموظفين على صناعة قرار أخلاقي.
- الالتزام بالمسؤولية تجاه مهنة الصحافة الإلكترونية[٥٠].

التوصيات

في ختام هذا الكتاب، وفي سياق الحديث عن مستقبل الصحافة الرقمية في دولة قطر، يمكن القول إن مستقبل الصحافة الرقمية هو نفسه مستقبل الصحافة ذاتها، بغض النظر عن الرقمية أو الورقية، وإن نظرات مسؤولي الصحف والمستثمرين فيها ترقب المستقبل، وترصد القلق والهواجس بشأن ما هو آتٍ عما قريب، بسبب التطور التقني الهائل والسريع الذي شمل جميع المجالات، ومنها المجال الصحفي أو الإعلامي بشكل عام، وهذه الهواجس هي نفسها التي تشغل بال نظرائهم في العالم كله، لا سيما العربي. ولهذا سنحاول هنا في خاتمة هذا الكتاب تقديم توصيات محددة للتغلب على المخاوف والهواجس والتوجس من غدٍ رقمي قادم لا محالة، وهو المجهول ذاته في نظرهم.

ومن الطبيعي في هذا المقام، قبل المُضي قُدمًا في عرض التوصيات، تذكير الصحف القطرية، بعد حوالي عقدين من ظهور الإنترنت، بأهمية قيامها بتقييم وتقويم تجربة النشر الإلكتروني على الإنترنت، وإعادة رسم الأولويات في هذا المجال، مع ضرورة تحديد الأهداف من الوجود على الشبكة. حيث تبين للقاصي والداني أن

عامل الربح لم يعد الآن محل بحث ونقاش، بعدما تبين من خلال الواقع الحالي للصحف المتحولة بالكامل إلى الرقمية، تقدمها الرهيب في الربح والتكسب من خلال الإنترنت، إضافةً إلى عامل الانتشار وكسب قراء جدد من جميع أنحاء العالم.

وقد تبين لنا مما تقدم، مدى التطور الحاصل في تقنيات الاتصال، وأثر ذلك على الصحافة بشكل عام، وكيفية استثماره لتحقيق أفضل النتائج، سواء على مستوى تحقيق الأرباح المادية أو مستوى الانتشار الإقليمي والدولي. وأرى أنها فرصة ذهبية للصحف القطرية لاستثمارها بعد سنوات من التقوقع المحلي ومحدودية الانتشار، إضافةً إلى اعتمادها في الربح المادي على الإعلانات كمصدر أساسي، وربما وحيد لها، باعتبار أن الكسب من وراء البيع والتوزيع ليس بالرقم الذي يمكن الاعتماد عليه، بل حتى الإعلان الذي يُعد الشريان الرئيسي والمورد الأوحد للصحف القطرية، أصبحت سوقه محدودة، وجمهوره محدودًا أيضًا، ويقتصر بشكل كبير على السوق القطرية أو القارئ في قطر.

إن التحول إلى الرقمية من شأنه أن يسد الفجوة الهائلة الحاصلة بين الصحف القطرية وجمهور كبير في هذا العالم وسوق إعلانات أكبر. وهذا التحول سيزيد رقعة الانتشار، ليس على المستوى الإقليمي والعربي فحسب، بل العالمي أيضًا، وهذا الانتشار الدولي بدوره، سيجلب معه بالضرورة المعلنين الدوليين، لأن الصحف القطرية حين تتحول إلى الرقمية لن تُنتج للسوق المحلية القطرية فقط، بل لأسواق أوسع وأكبر وجمهور أكثر.

إن سوق الإعلان على الإنترنت تكبر وتتوسع، وهي تستوعب كل من يريد أن يستفيد ويستثمر في عالم الصحافة، بشرط الإلمام بكيفية الاستثمار في هذه السوق. ولعل الشرط الرئيسي المطلوب توافره في أي صحيفة، هو أن تعرض بضاعتها، وأقصد بها المحتوى المتميز، على جمهور الإنترنت قبل المعلنين، حتى إذا ما اكتسبت مصداقية في عملها، وتميزًا في مادتها كصحيفة يومية، وجدت المعلنين وقد بدأوا يتقاطرون عليها، وحينها ستعرف معنى أن يكون لها وجود على شبكة الإنترنت العالمية، تتنافس فيه مع عشرات الآلاف من الصحف، وليست صحف بلدها فقط، ويكون القراء بالملايين وليسوا بضعة آلاف في قطر.

وهذه بعض التوصيات:

- وضع أهداف واضحة من النشر الرقمي، تقوم بها كل صحيفة، وذلك من خلال وضع إستراتيجية للنشر الرقمي تختلف عن تلك الموجودة للصحيفة الورقية، وفق خطة لا تقل عن خمس سنوات، وتتم مراجعتها بين الحين والحين لتطويرها، مواكبةً للتغيير السريع الحاصل في مجال النشر الرقمي، مع أهمية تشجيع قرائها للتحول نحو الموقع الإلكتروني أكثر فأكثر، في سبيل الوصول بهم إلى أن يكونوا قراء إلكترونيين بعد خمس سنوات أو أكثر قليلًا من الآن.
- البدء في إعداد كادر مؤهل لتولي زمام أمر الصحيفة الرقمية، مع إيلاء مسألة عالمية الإنترنت الأهمية، بحيث يتم تأسيس منهج متكامل من الدورات والورش العملية لهذا الكادر وفق مفهوم

عالمية الإنترنت، ليستشعر أنه يعمل للعالم وأمام العالم، مع أهمية أن تكون الرؤية والرسالة واضحتين للكادر مع مسؤولي الصحيفة أيضًا، والمستثمرين فيها.

- إعداد الكادر وتجهيزه بالمفاهيم الإدارية والتحريرية الخاصة بالصحيفة الرقمية، ابتداءً من دورة المادة الصحفية، من ناحية الإعداد التحريري المتبوع بالفني، والمعايير الخاصة بالنشر الرقمي.
- البدء التدريجي في تغيير سياسة التحرير المتبعة مع الصحيفة الورقية، لتستقل الرقمية بذاتها وسياستها التحريرية، وبكادرها المالي والإداري والفني أيضًا.
- استثمار الخدمات المفضلة لدى نسبة كبيرة من قراء الصحف الرقمية، ومتصفحي المواقع الإلكترونية، في دعم ودفع الصحيفة للتوسع العالمي والانتشار، وكسب قراء جدد من جغرافيات وأفكار وثقافات متعددة. ومن أهم تلك الخدمات: التفاعلية مع القارئ، وإشعاره بأنه أمام فريق يخدمه في مجال الإعلام والمعرفة، يريد التواصل معه، ومنحه أهمية وتقديرًا لرأيه ومقترحاته.
- إجراء الصحف لأبحاث ودراسات علمية حول واقع سوق الصحف القطرية الرقمية، من أجل الوصول إلى نقاط القوة والضعف في هذه السوق، والمعوقات أو العراقيل التي تمنع أو تقلل من فرص زيارة الصحف المحلية الموجودة على شبكة الإنترنت.

- ضرورة الاهتمام بالمحتوى الذي تقدمه الصحف لزوارها، فالتنافس الحاصل الآن على الشبكة بين الصحف، ليس على الخدمات بقدر ما هو قائم على المحتوى الجاذب والمثير وغير المسبوق، أو المنتشر والمتوافر عند الآخرين. ولا بد أن تراعي الصحف القطرية أنها في ميدان واسع جدًّا يتمدد كل يوم، وما لم تقم بتقديم محتوى ذي جودة عالية، من حيث اللغة والعمق والمعرفة والجدة، فإن البقاء في ساحة المنافسة سيكون صعبًا، وبالتالي كسب قراء جدد سيكون أصعب.
- ما دام الهم واحدًا في كل الصحف المحلية، نقترح أن يتم العمل على إنشاء مركز تدريبي موحد، يختص بالعمل الصحفي الرقمي، يتم فيه إعداد كوادرها، وتقوم الصحف بتمويل المركز، واستثماره، عبر تقديم الدورات والورش الفنية، لتأهيل كوادر صحف ومجلات أخرى من خارج قطر أيضًا. وهذا لأن الحاجة مُلحة الآن لمثل هذه البرامج التدريبية والتأهيلية، وستزداد إلحاحًا كلما زاد عدد الصحف المقتنعة بأهمية التحول إلى الرقمية.
- ضرورة فتح باب التعاون مع معهد الجزيرة للإعلام، الذي يُعد من أبرز المعاهد التدريبية في الوطن العربي التي تُقدم خدمات إعلامية على يد خبراء ومحترفين في مجالات عديدة، لا غنى عنها للصحفي الرقمي اليوم.
- أهمية تعاون الصحف المحلية الأربع مع جامعة قطر، بالإضافة إلى جامعات المدينة التعليمية التي تقدم برامج في الصحافة،

من أجل دعم تخصصات النشر الرقمي، وحث الطلاب على الالتحاق بالصحف الرقمية بعد التخرج. ولا مانع أن تقوم الصحف بتبني الراغبين من الطلاب، أثناء الدراسة، واستثمارهم وتجهيزهم للعمل المستقبلي بها، عبر تقديم الحوافز المادية والمعنوية، إضافة إلى المنح الدراسية إلى الخارج للمتميزين منهم.

- ضرورة تعاون الصحف المحلية الأربع على وضع ميثاق شرف صحفي أو مهني، وتفعيله على الصحافة الرقمية. فميثاق الشرف هو الجانب الأخلاقي في المهنة، ولا بد أن يلتزم به كل العاملين بالصحف الرقمية بالدرجة الأولى، إضافة إلى الورقية، وأن يكون من أهم بنوده الرئيسية: احترام حقوق الملكية الفكرية لكل صحفي، بحيث لا يُساء استخدامها، أو سرقتها، أو ما شابه ذلك، خصوصًا في الصحف الرقمية؛ نظرًا لسهولة القيام بذلك أكثر من الورقية.
- ضرورة اتفاق الصحف المحلية الأربع على إعلاء وتعزيز قيم الحريات الصحفية، في إطار من الحماية القانونية والدستورية للصحفي والمجتمع كذلك، والاستفادة من تجارب الآخرين في هذا المجال، لا سيما دول العالم المتقدمة.
- ضرورة قيام الصحف المحلية الأربع بوضع خطة خمسية لدعوة طلاب أقسام الإعلام بالجامعات في قطر، وكذلك طلاب الشهادات الثانوية العامة، وتشجيعهم على دراسة الصحافة الرقمية، ومن ثمَّ العمل بها، والدعوة إلى فتح تخصصات

إعلامية رقمية بالكليات المهنية، أو كليات المجتمع، ونشر الوعي بأهميتها، بجانب دراسة التحديات التي تواجهها، باعتبارها صحافة مستقبلية قريبة، والعمل من الآن على مواجهة تلك التحديات.

المصادر والمراجع

١- http://ar.wikipedia.org/wiki/ تاريخ دخول الموقع ٢٩/ ٦/ ٢٠١٣.

٢- http://ar.wikipedia.org تاريخ دخول الموقع ٢٢/ ١٠/ ٢٠١٢.

٣- http://bit.ly/2mrJOuM

٤- العايد، فتحي: (٣١/ ١/ ٢٠١٠). مستقبل الصحافة الورقية في ظل الكتابة الإلكترونية، موقع ديوان العرب. http://www.diwanalarab.com/spip.php?article21731

٥- العمري، محمد: (نوفمبر - ديسمبر ٢٠٠٥). مظاهر الثورة الرقمية ونتائجها، موقع أقلام أون لاين، العدد السادس عشر. http://www.mafhoum.com/press9/265T44.htm

٦- Deuze,Mark:2001, Modeling the first Generation of News Media on the World Wide Web, First Monday, Volume 6, Number 10 http://firstmonday.org/ojs/index.php/fm/article/view/893/802

٧- Mark Putts, 2012, Audience First and Other Lessons in Disruptive Innovation, Recovering Journalist http://recoveringjournalist.typepad.com

٨- العلي، نجاح: (٢٩/ ٣/ ٢٠٠٩). الصحافة الإلكترونية، النشأة والمفهوم، الحوار المتمدن، العدد ٢٦٠٠. http://www.ahewar.org/debat/show.art.asp?aid=166990

٩- نبيح، آمنة: (٤/ ١/ ٢٠١٢). ماهية الصحافة الإلكترونية وعوامل تطورها، شبكة الضياء. http://diae.net/6790

١٠- السيد، يحيى: (١٨/٩/٢٠١١). المعلوماتية: التقنيات ووسائل الإعلام، منتديات ستار تايمز. http://www.startimes.com/f.aspx?t=29150525

١١- العزاوي، طلال: (٤/ ١١/ ٢٠١٠). تأثير استخدام تكنولوجيا الاتصالات الحديثة في وسائل الاتصال الجماهيرية المقروءة، منتدى فيض القلم. http://9alam.com/community/threads/22203

١٢- منصور، حسن: (٤/٦/٢٠٠٥). الصحافة الإلكترونية: التقييم الأكاديمي لا يواكب الجديد، جريدة الثورة الإلكترونية، العدد ١٠٢. www.athawranews.net

١٣- السنباطي، ناجي: (١١/١٠/٢٠٠٨). الصحافة المطبوعة والصحافة الرقمية: دراسة مقارنة، موقع الحوار المتمدن، العدد ٢٤٣١. http://www.ahewar.org/debat/show.art.asp?aid=%20149827

١٤- الصحافة الإلكترونية: المفهوم والفئات والخصائص، منتديات ستار تايمز. http://www.startimes.com/f.aspx?t=30290315

١٥- علي، سيد: (٦/٣/٢٠٠٦). بين الصحيفة الإلكترونية والموقع الإلكتروني، فروقات لا يمكن تجاهلها، البوابة العربية للأخبار التقنية. http://www.aitnews.com/latest it news/3802.html

١٦- حرز الله، عمر: (٢٧/ ٥/ ٢٠١٢). المدونون الإلكترونيون.. يصنعون الرأي ويؤرخون العصر، جريدة البيان الإماراتية. http://www.albayan.ae/five-senses/mirrors/2012-05-27-1.1657754

١٧- http://www.internet.gov.sa/learn-the-web-ar/guides-ar/what-are-web-logs-ar

١٨- http://www.informationstudies.net/images/pdf/65.pdf

١٩- http://www.skynewsarabia.com/web/article/61614

٢٠- http://www.ahewar.org/debat/show.art.asp?aid=362674

٢١- http://www.alukah.net/Spotlight/0/50101/

٢٢- http://www.alkhaleej.ae/portal/3469cc3b-466d-40c9-86bd-e2522ee12b75.aspx

٢٣- http://www.raya.com/news/pages/6e8436f3-9d68-41e6-a9ab-0542f7854321

٢٤- http://www.emarketer.com/newsroom/index.php/digital-ad-spending-top-37-billion-2012-market-consolidates/

٢٥- http://www.mediapost.com/publications/article/290281/agencies-forecast-moderate-ad-growth-digital-to-s.html

٢٦- http://www.alarabiya.net/articles/2013/02/04/264368.html

٢٧- http://www.elaph.com/Web/LifeStyle/2013/6/818335.html?entry=gadgets

٢٨- http://www.middle-east-online.com/?id=95199

٢٩- http://www.aswaqamman.com/vary/whynet.htm

٣٠- مينا، ناجي: ٢٢/ ١٠/ ٢٠١٢، ٢٠ إحصائية لم تكن تعرفها عن الشباب العربي والإنترنت، مدونة ديجيتال قطر. http://www.digitalqatar.qa/2012/10/22/2785

٣١- http://www.elaph.com/Web/news/2010/5/563311.html

٣٢- http://www.nama-center.com/ActivitieDatials.aspx?id=10437

٣٣- http://aitmag.ahram.org.eg/News/47119.aspx

٣٤- http://www.tech-wd.com/wd/2012/12/22/arab-ict-use-report-2012/

٣٥- الأمانة العامة لجامعة الدول العربية: ٢٠٠٥، مؤشرات الفجوة الرقمية، الاجتماع الرابع عشر للفريق العربي للتحضير للقمة العالمية حول مجتمع المعلومات، ١٧-١٨/ ١/ ٢٠٠٥.

٣٦- http://documents.worldbank.org/curated/en/198711468001491553/pdf/102724-ARABIC-Revised-WDR2016Overview-PUBLIC.pdf

٣٧- http://www.eurocompr.com/prfitem.asp?id=15025

٣٨- http://www.internetworldstats.com/stats.htm

٣٩- اللبان، درويش: ٢٠٠٥، الصحافة الإلكترونية: دراسات تفاعلية وتصميم المواقع، الطبعة الأولى، الدار المصرية اللبنانية، ص٩٢.

٤٠- http://www.masress.com/egynews/45730

٤١- الشهري، فايز: ٢٠٠٣، واقع ومستقبل الصحف اليومية على شبكة الإنترنت - بحث مقدم إلى ندوة «الإعلام السعودي: سمات الواقع واتجاهات المستقبل».

٤٢- http://www.ahewar.org/debat/show.art.asp?aid=229670

٤٣- إسماعيل، إبراهيم: ٢٠٠٤، الصحافة اليومية العربية في قطر، الدوحة، المجلس الوطني للثقافة والفنون والتراث، ص٢٥-٣٥.

٤٤- http://www.aldohamagazine.com/AboutUs.aspx

٤٥- http://bit.ly/2n8Ujkd

٤٦- إستراتيجية الحكومة الإلكترونية القطرية: ٢٠٢٠، http://bit.ly/2lGn4Yr

٤٧- المصدر السابق.

٤٨- http://www.arabadvisors.com/arabic/Pressers/presser-260212.htm

٤٩- https://www.numbeo.com/cost-of-living/country_price_rankings?itemId=33®ion=142&displayCurrency=QAR

٥٠- http://www.startimes.com/f.aspx?t=32507952